产品创新设计与开发研究

刘 洋 著

学苑出版社

图书在版编目（CIP）数据

产品创新设计与开发研究 / 刘洋著 ． — 北京：学苑出版社，2023.10

ISBN 978-7-5077-6795-7

Ⅰ．①产… Ⅱ．①刘… Ⅲ．①产品设计—研究②产品开发—研究 Ⅳ．① TB472 ② F273.2

中国国家版本馆 CIP 数据核字（2023）第 194800 号

责任编辑：乔素娟
出版发行：学苑出版社
社　　址：北京市丰台区南方庄 2 号院 1 号楼
邮政编码：100079
网　　址：www.book001.com
电子邮箱：xueyuanpress@163.com
联系电话：010-67601101（销售部）、010-67603091（总编室）
印 刷 厂：河北赛文印刷有限公司
开本尺寸：710 mm × 1000 mm　1 / 16
印　　张：10.75
字　　数：215 千字
版　　次：2023 年 10 月第 1 版
印　　次：2023 年 10 月第 1 次印刷
定　　价：60.00 元

作者简介

刘洋,女,出生于1981年,江苏宿迁人,毕业于南京艺术学院,硕士学位,现任南京城市职业学院副教授。研究方向:工业设计。主持并完成江苏省哲学社会科学科研课题两项、参与江苏省教育科学"十三五"规划课题一项,发表论文十余篇。

前　言

随着中国经济发展进入新时代，如何实现从"中国制造"向"中国创造"的跨越发展是我国制造业当前面临的挑战，而提升自主创新能力是实现跨越的关键。在中国创造理念中，产品设计是制造业的基础，产品创新设计则是现代企业的核心竞争力。产品创新设计的过程与创新构思的产生是同步的，唯有通过不断地创新来提高产品设计的价值和质量，优化设计思路，提高产品创新设计与开发的总体水平，才能有效地满足人们对产品设计的审美需求，推进中国创造的发展。

创新是企业进行产品生产和制造的必然选择，是企业生产经营的重要组成部分。好的创意和设计不仅能够提升产品的功能品质，实现绿色制造，提升市场竞争力和附加值，还能够创造、引领新的时长需求和产业发展方向。产品创新设计是相对于常规设计而言的，是对过去产品设计的经验何止是进行创造性的分解组合，从而使产品具备新的功能。在企业发展中，产品创新设计作为企业的一种基本行为，其表现形式多种多样，涵盖了企业活动的各个方面。本书主要对产品创新设计的概念、产品创新设计的类型、产品创新设计的意义、产品创新设计构成要素、产品创新设计思维探究、产品创新设计与开发流程、产品开发策略具体分析、产品开发的模式与流程、产品开发设计案例等方面进行了较为深入、系统的论述。本书内容丰富，论述严谨，语言新颖，是一本值得学习与研究的著作。

在撰写本书的过程中，笔者借鉴了国内外很多相关的研究成果，在此对相关学者、专家表示诚挚的感谢。

由于笔者水平有限，书中有一些内容还有待进一步深入研究和论证，在此恳切地希望各位同行专家和读者朋友予以斧正。

刘洋

2023 年 6 月

目　　录

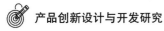

第一章　产品创新设计基础理念

现代人生活品质的不断提升，为产品的研发设计及应用提供了更多可能。因此，为更好地保证所创新设计出的产品能够满足使用者的实际需求，设计师需要了解产品创新设计的相关理念。

第一节　产品创新设计概述

一、产品创新设计的定义

（一）产品设计的概念

产品设计是指将概念、想法和需求转化为世纪的产品或服务的过程，涉及从初始概念到最终产品的所有阶段。产品设计旨在设计具有吸引力和可持续性、易于使用的产品，以满足消费者的需求并提高企业的竞争力。[①]

产品设计师用一种系统的方式生成与评估概念，并将它们转化成有形的产品。结合艺术、科学以及技术来创造新产品并方便用户使用是产品设计师的主要工作。产品设计在目标指向上似乎更加明确，即整合一切手段来为目标对象设计相关产品，设计结果有利于各利益相关者，如品牌企业、制造商、销售商、使用者等。

在我们的生活中，产品设计无处不在。例如，一把勺子，是什么材质、羹匙与长柄的比例是多少、怎样的弧度更容易盛取食物；一组移动抽屉，如何合理地搁置文件、档案、文具及隐藏纠缠的电线；一件珠宝，从首饰表现方式到雕蜡、加工、镶嵌、精工制作等，都是产品设计需要考虑的问题。好的产品设计，不仅

---

① 任成元．产品设计品质生活 [M]．北京：人民邮电出版社，2016.

能表现出产品功能上的优越性，而且便于制造，生产成本低，从而使产品的综合竞争力得以提升。所以说产品设计是集艺术、文化、历史、工程、材料、经济等各学科的知识于一体的创造性活动，是技术与艺术的完美结合，反映着一个时代的经济、技术和文化水平。

以上介绍了产品设计的概念界定，总结来说，产品设计是一个从无到有的造物过程，从人的需求出发，平衡品牌商、生产商、销售商、购买者、使用者、拥有者、回收者等利益相关者，利用现有的文化、科学、技术、工程等方面的知识，将目标对象的主观需求转变成物理产品的设计过程。

（二）产品创新设计的概念

创新设计是通过应用自然科学的基本原理或重组已有技术来解决工程和生活中的难题。创新设计的驱动力是人们对美好生活的向往，随着人们对产品要求的日益提高，不仅产品的研发效率变得尤为重要，而且需要设计者运用更加多样化的方法来进行创新设计，这就要求设计人员在产品开发过程中提供更多有创意的方案。

产品创新设计是一种由设计行为主导产品创新的模式，即充分调动设计者的创造才能，通过设计者对用户潜在需求的准确把握，利用技术手段进行创新构思，确定产品的进化方向，并以具有全新产品语义的创新产品来引导市场需求，创造市场价值，包括对产品风格、意义等方面的创新。

二、产品创新设计的要素

（一）情感需求

情感需求是一种心理上的满足感，一种精神上的认可。随着消费理念的改变和消费水平的不断提高，人们购买商品的目的不再局限于生活上的硬性需求，更多追求的是精神上的愉悦，由此产生了用户的情感需求。

在产品创新设计中，情感需求是非常重要的设计要素，因为多数消费者会出于情感需要的目的去选购产品，通过产品所传达出的情感关怀产生情感共鸣，从产品中感受到人文关怀。通过对美国著名社会心理学家亚伯拉罕·马斯洛（Abraham H. Maslow）的需求层次理论中不同层次的需求进行类比分析，可以得出不同层次设计所需的产品特质。与人类具有不同性格一样，产品同样具有不同的特性，可归纳为功能性、可用性、可依赖性和愉悦性，情感需求与马斯洛的需求层次理论最上层的"自我实现"息息相关。在产品功能和可用性方面趋于一致的情况下，注重用户的情感需求，使产品更好地满足用户的需求，与用户建立起正面的情感沟通，这样既能为用户提供更好的体验，也能使用户在这一过程中获得积极的情感反馈。接下来从用户体验的三个层面入手，对影响用户情感需求的因素进行详细分析。

1. 本能层面

本能层面主要是针对产品能被用户直观感受的部分，产品通过这种直观感受来引起消费者的注意。本能层面的设计范畴包括美丽、优雅的外表（视觉），悦耳的声音（听觉）或清新的气味（嗅觉），甚至是舒适到恰到好处的触觉等多感官带来的感受。良好的本能层面设计，可以给人留下天然的良好印象，从而引起用户的兴趣和好奇心，促使用户产生购买欲望。

同时，良好的本能层面设计也会让用户对该产品有更多的偏向性，让用户从感官上对产品产生正面的情绪，萌生喜爱之情。在产品的造型选择上，具有趣味性和美学特性的产品能够拉近产品和用户之间的距离。同时，当产品通过美观有趣的形象与用户交流时，更容易激起用户的正面情绪，让产品更顺畅地赢得用户的好感、认同和理解。人类是一种以视觉为主要信息源的高等动物，其对商品的感知与理解常常依赖视觉感受。如果产品的外观设计越符合本能层面的思维，人们就会越容易接受和喜爱产品。例如，中国科学技术大学设计的纹理马克杯，杯体上的插画涵盖东、中、西三个校区，根据中国科学技术大学的实景卫星云图绘制而成，很好地体现了中国科学技术大学的科学性与严谨性。该纹理马克杯的设计将前沿科学和高新技术与艺术相结合，不仅体现了中国科学技术大学的办学特色，而且体现了其文化内涵。这种将简约的设计风格与当下大众审美相适配的设计，从观感上获得了大众的喜爱，属于本能层面的设计。

2. 行为层面

行为层面的设计可以理解为产品的可用性，包括功能的完善性、操作使用的难易性，以及用户在使用产品的过程中由交互所感受到的满意度。当一件产品能够很好地帮助用户达到目的，且整个过程简单流畅易操作，那么用户对产品会产生积极心理，从而提高用户对产品的信任度，提升产品的使用率。相反，不好用的产品会使用户产生消极的情感，并丧失使用产品的欲望，最终面临被闲置、丢弃的命运。因此，在产品创新设计中，应当注意用户体验的行为层面，具体包括以下几点。

（1）功能性

产品创新设计离不开功能性的延续。功能性指的是产品能帮助用户解决什么样的问题，通常是某个产品在其垂直核心区域的解决问题的能力。例如，冰箱的核心功能是保存食物、保持食物的新鲜度。

（2）易懂性

用户可以通过学习，也可以通过简单的操作来掌握产品的功能和用法，这就要求设计师在设计时用清晰的语言来表达产品的用法，还要有一些有趣的说明，这样才能使用户更好地了解产品的功能，使产品的使用操作更加易于掌握。

（3）可用性

可用性与易懂性是相互联系的，而可用性则是继功能性和易懂性之后的更高层次。例如，酸奶机、冰激凌机、气泡水机等，这些产品造型精美，但是消费者在日常生活中的使用频率较低。这些产品通常操作步骤十分复杂，需要花费大量时间与材料才能制作出成品，因此使用频率较低，从而导致产品的可用性逐渐削弱。想要提高用户的使用频率，就必须考虑产品在使用时的可用度。就像是一些游戏的关卡，当人们无法通关高难度的关卡时，该游戏的可用性就会变得很低，一般用户玩上一两天后就会放弃；如果游戏中的关卡太过简单，那么就无法给玩家带来通关后的成就感，因此设计师需要反复思考"可用性"的程度并进行细节设计。

3. 反思层面

反思层面强调设计背后的思考、产品的价值取向。有用的产品不仅可以满足用户的需求，而且能在长期的使用过程中使用户获得生理、心理、情感上的满足。在产品创新设计中，我们要积极反思，从而设计出更有价值的产品。例如，在外出旅游的途中，会有许多旅游景点售卖当地旅游纪念品，这些产品多数仅具备装饰的作用，并不具备实质的使用功能，但出于留念、记录美好旅程的目的，人们往往会选择购买。产品承载了丰富的情感意义，这也属于反思层面的范畴。例如，以把历史融入生活为目的进行设计的《世界故事》概念书籍，设计的灵感源于拼图，将全部内容排列成几何图形，并给读者提供能够有序地阅读的线索。读者在将全部几何图形组合正确之后，就能构成一个完整的立方体。同时，该概念书籍将碎片化的历史整理得更加完整和直观，使读者对世界历史的认识更具整体性。单元格中的"抽拉式"结构让读者与图书有了更深层次的交流，而抽屉中丰富的知识卡片则让该书成为一个真正意义上的"百宝箱"。该书使读者在不断的阅读中，不断地思考，最后把它的全貌展现在读者面前，让读者在获得知识的同时，也获得了极大的满足，同时在与历史互动的过程中不断思考反思自己的人生，以新的视角来理解世界，这属于反思层面的设计。

（二）实用功能

实用功能是产品的基础功能，产品必须具有实用价值。产品设计是指把人们的特定目标或需求转化成特定的物质或工具，因此产品必须具备某种特定的功能来满足人们的需要，我们称之为实用功能。

在产品设计中，首先要有一个清晰的目标，明确产品的功能是什么，产品对我们的生活起到什么样的帮助。产品的本质在于为生活服务，为用户的生活带来更好的体验，材料、工艺、材料、环境、以人为本等因素都会影响到产品设计的实用性。以冰箱为例，它产生的目的在于保存食物，延长食物的保质期，但不同的造型、材质、工艺促使冰箱衍生出更多功能。例如，智能监控、制冰、锁水保鲜等，这些功能在用户的使用需求下应运而生，更加符合当下用户的使用习惯，从而使冰箱的实用性得到了提升。

产品的功能、质量、效益等方面的发展，都要符合社会发展的需求，而新产品要想得到社会的认可，就要从市场和用户的需求出发，以最大限度地满足用户的需求。产品的实用性是设计的根本，在设计的过程中必须考虑用户的使用感，以让用户更方便、更自然地使用产品的功能为目的，使产品设计更加人性化。功能不能成为产品的负担，不能让复杂无用的功能影响到用户的使用感和产品的外观造型。

三、产品创新设计的相关理念

（一）通用设计理念

1. 通用设计理念的相关概念

（1）无障碍设计

1974 年，联合国残障者生活环境专家会议提出了新的设计主张，即无障碍设计。无障碍设计是指消除建筑及环境在物理方面和感觉方面的障碍，让原来不能利用产品和环境的人也能利用的设计构想。但是无障碍设计的研究对象以残疾人为主，设计方面都是站在残疾人的角度去发现问题。这种理念虽然为残疾人的出行带来了便利，但这些专门为特殊群体所做的设计并不适用于普罗大众。无障碍设计具有较强的针对性，受众群体比较局限。

（2）通用设计

由于无障碍设计的局限性，后来衍生出了具有广泛思维的通用设计。通用设计又名全民设计、全方位设计或通用化设计，是指无须改良或特别设计就能为所有人使用的产品、环境及通信。

通用设计所传达的意思是，如果能被失能者所使用，就更能被所有的人使用。通用设计的核心思想是，把所有人都看成程度不同的能力障碍者，即人的能力是有限的，人们自身具有的能力各不相同，在不同环境中具有的的行为能力也不相同。通用设计涵盖范围非常广泛，其设计理念几乎涉及所有领域。

（3）通用设计与无障碍设计的关系

无障碍设计与通用设计之间是一种相辅相成的特殊关系。随着社会的发展，无障碍设计和通用设计都顺应了时代的发展潮流。从设计中可以看出，无障碍设计和通用设计都透露出一种人文关怀的设计精神，二者都能为所有需要帮助的人提供方便和安全。无障碍设计是通用设计的基础之一，而通用设计是建立在无障碍设计的基础之上的一个升级换代的更高级的设计。然而，双方又存在很大的区别。

最先问世的无障碍设计，其目标用户主要是老年人、儿童及残疾人等部分弱势群体，这些人群在行动能力上是弱于普通人的。因此，在实际生活当中，无障碍设计一般体现在环境设施、建筑和公共场所中。虽然无障碍设计给弱势群体提供了方便，但缺乏对生活中其他方面的考虑。为了全方位地照顾到弱势群体的身心健康，在无障碍设计的基础上衍生出了通用设计。通用设计不同于无障碍设计，其研究领域除了建筑及外部公共场所外，还包含人们在日常生活中使用的各类产品，涵盖范围非常广泛。无论是交通工具、家用电器，还是医疗器械、运动器具，都属于产品创新设计中通用设计的研究对象。无论是行动不便的弱势群体，还是身体健全的普通群众，都可以成为通用设计的目标用户。因此，寻求弱势群体和普通群众之间的共同点、优缺点，取其精华，去其糟粕，便可在很大程度上提升产品的通用化。

2. 产品创新设计中通用设计理念的原则

（1）公平性原则

通用设计中的公平性原则，是指让所有人都能公平使用，无论是身体健全的普通人，还是具有身体缺陷的弱势群体，都可以在行动上享受公平待遇。理想上的"公平"是指消除社会中的歧视，彻底改善弱势群体的心理问题。在产品创新设计中，我们需要考虑产品是否"公平"，是否能够被大众接受。例如，人们经常乘坐的公交车和地铁，在外部造型和内部装饰的设计上考虑了不同年龄阶段的乘客以及不同残疾人的行为习惯，包括车门与地面之间的连接、不同高度与方向的座位以及随处可见的不同形状的抓握把手等，都体现了通用设计的公平性原则。

（2）灵活性原则

创新设计出的产品需要具备灵活性，一款产品可以同时适用于多种人群的使用习惯，并且在不同环境或状态下能够做到随机应变，以便给使用者带来最大效益。以空调为例，以前的空调只能通过配套的遥控器才能操作使用，当遥控器电量耗尽或者出现故障时，使用者只能更换新的电池或者维修好遥控器才能控制空调。而现在大多数人都有了智能手机，都可以在没有遥控器的情况下通过手机自带的系统软件来控制空调，这便是通用设计当中的灵活性原则。

（3）直观性原则

直观性在产品创新设计中是很有必要的，让人一目了然、简单直观是一款好的产品需要具备的条件，使用者不需要进行专门的学习就可以直接了解该产品的使用方法。在产品创新设计中，不仅要让产品的颜色搭配和外形设计看起来很有视觉冲击力，还要让它的整体使用过程和操作过程都与用户的习惯保持一致，这样才能真正做到使产品具有直观性。人们家中常备的微波炉、冰箱、电磁炉以及电饭煲等，这些产品必须在操作界面和按键的设计上一目了然，不需要复杂的操作练习，更没必要千篇一律地在界面上布满文字，提供"专著"一般的使用说明书。直观性原则要求把用户快速了解产品的使用意图作为设计的最高境界。

（4）明确性原则

无论用户是否具有一定的文化程度和理解能力，用户在产品上得到的信息都必须明确。因此，在产品创新设计中，设计的产品中的反馈信息不宜复杂，越简单直观越好。例如，一些电子产品通过简单的红绿两种颜色的灯光来表示充电状态。

（5）容错性原则

容错性就是指允许出错。人类不同于机器，容易犯错。设计师需要提升产品的容错率，提前考虑到用户在操作失误时产生的各种风险，减少对用户不利的因素。特别是弱势群体，他们本身在一些方面弱于常人，在使用产品时失误的概率更大，因此提升容错率可增强产品给用户带来的安全感。这一原则在手机交互系统上体现得尤为突出，如进错界面、误入网站、确认错误等都可以直接点击主页面的图标返回至手机桌面，重新开始，还可以通过上下滑动屏幕的方式关闭误入的界面，这都体现了通用设计中的容错性原则。

（6）实用性原则

减少用户在产品上投入的精力，提高使用效率，避免过多的重复动作，便可提高产品的实用性。在以前，人们使用老式手机进行网上聊天时，只能通过手机上的拼音按键才能输入信息。这种信息输入方式给使用者带来了过多的重复动作，使用者需要一直用手指点击按键，时间过长会导致手臂酸痛。不仅如此，这种拼音按键对于一些文化程度较低的用户来说，也存在很大的使用障碍。但是，经过不断创新设计，触屏手机应运而生，人们可以通过手写和语音的方式来输入信息，不仅提高了效率，还降低了对用户文化水平的限制，大幅度提高了产品的实用性。

（7）空间性原则

设计师在产品创新设计过程中，需要计算好产品的自身尺寸和外部空间尺寸。产品的自身尺寸是指产品每个部位的尺寸要符合人机工学，赋予使用者足够的使用空间。产品的外部空间尺寸也就是使用者在不同环境下使用产品时，不受空间大小的限制，在任何环境下都可以顺利完成操作，此时应尽量减少使用者在操作产品时的肢体运动幅度，尤其在 20 世纪，大部分家庭使用的工具比较落后，如洗衣、做饭、洗澡等都需要在户外和室内一起进行才能完成。在河边洗衣、使用压水井获得水源以及使用木材烧火做饭等，都需要大量的活动空间，并且耗费了较多的人力、物力。而在科技与经济快速发展的今天，人们的很多基本生活需求在室内的小空间范围内就可以完成。自来水系统提供干净卫生的水源，洗衣机自动换水来清洗衣物，以及电磁炉可以自动烧水煮饭等，这些近代设计极大地减少了使用空间。因此，通用设计中的空间性原则也是本部分的研究重点。

七种设计原则给产品创新设计提供了多种设计思路，不仅从多个角度提出了产品在提升通用性上的有效途径，而且能使开发出的新产品具备较强的综合性能。因此，设计师需要根据产品的特征和性能来选择适当的通用设计的原则，制定出一套成熟且合理的开发系统。

（二）叙事性设计理念

1. 叙事性设计理念的内涵

叙事以强烈的观念表达为核心，主要作用为建立或形成品牌的价值观、情怀故事、信念共识。叙事性设计可以分为"空间叙事"和"时间叙事"，其中"空间叙事"表达了空间的深度，描绘了图像和场景，而"时间叙事"则偏向于叙述过程、节点、观点等，更多的是一种线性的、抽象的叙述方式。"画面感"是"空间叙事"的特征，而"故事性"则是"时间叙事"的特征。叙事性设计作为扩大宣传的重要手段，可以将精神、愿景、故事等通过简洁有力、易于流传的形式进行长期表达和广泛传播，对于引发用户的精神共鸣和影响用户的消费行为有着重要作用。叙事性设计通过图像、符号、色彩、触觉等来传达信息，提高产品的故事性。

2. 叙事性设计理念在产品创新设计中的特点

产品叙事性设计是叙事性设计应用于产品设计领域的一个概念，也是一种理念指导的设计方法。在产品的创新设计中，叙事性设计的特点是通过产品创新设计的手段来叙述和表达设计师想要讲述的故事。从相关专家学者的研究来看，叙事性设计在产品创新设计中的作用不容小觑，虽然他们所采用的产品叙事性设计方法不同，但目的是一致的，即通过产品更好地讲述故事。

在产品创新设计活动的众多因素中，人们首先要考虑的是实用性，其次是美观性，也就是人们常说的好用、好看，但是大多数时候只做到这两点是不够的，因为不论是对商业市场来说还是对品牌形象来说，产品设计师的使命都是设计出来的产品可以更好地表达出一定的"故事"，这个故事可以是品牌文化、作者性格，也可以是市场需求倾向、文化底蕴，总之都需要让设计出的产品在用户购买时、观赏时、使用时能表达出更多的内容。将产品叙事性设计运用到产品创新设计活动中就可以比较好地满足到这些需求，并且可以从不同的角度进行产品设计创新，不再使创新局限在材料、颜色、工艺等方面。设计师与用户共同完成设计在产品叙事性设计中是比较重要的一点。叙事性设计的最后一步是由设计师、产品、用户所共同完成的，设计师通过产品来表达，产品承载着表达，用户完成最后的表达接受。产品叙事性设计给产品赋予了新的情感，这种情感也让用户在使用体验产品时不断地从中获得共鸣感，拉近了设计师、产品、用户三者之间的距离，使产品不再仅仅是产品，而是承载更多东西的一种媒介。总结地说，产品叙事性设计最大的特点就是可以让用户在使用产品时产生情感共鸣。

（三）绿色设计理念

1. 绿色设计理念的内涵

绿色设计是在生态伦理的思想指引下提出的一种设计概念，通常也称为生态设计、环境设计、生命周期设计或环境意识设计等，由于它们的目标和任务基本相同，都是设计生命周期环境负面影响最小的产品，因而名称经常被互换使用。

2000 年以后，"绿色设计"的称呼逐渐成为主流。绿色设计就是以设计来解决生态和供应问题的思考和实践，其核心是主张绿色设计思想应贯穿产品从设计、制造、销售、使用到废弃处理的整个生命周期；其价值主要体现在尊重生命、节约资源、保护环境三个方面；其作用与意义是构建绿色生活方式的行动措施，为推动可持续发展服务。

绿色设计的含义包括四个方面：一是以环保为出发点，以降低能源消耗为目标；二是在商业层面，降低企业潜在的责任隐患，提高企业的市场竞争能力；三是在产品与服务的设计上融入循环经济思想，使有限的资源得到充分利用；四是要强化绿色设计理念和技术的渗透，通过生态化的产品设计，使消费成本更低，消费质量更高。在产品的全生命周期中，绿色设计重点关注的是可拆卸、可维修、再循环、再利用等方面的特性，确保其基本的功能、使用寿命、质量等，以达到环保的目的。

2. 产品创新设计中绿色设计理念的原则

（1）环境友好性原则

产品生产前后，需要考虑到其生产过程的环境污染问题。例如，原材料的选择更加环保；在未来的使用过程中、回收过程中，废料可再利用甚至可直接经微处理后直接在其他产品上循环使用。

（2）能效低碳性原则

能效低碳性主要是指在产品的创新设计中应当使产品尽可能高效、低碳、节能，包括从营销、物流、包装、储存等方面使产品尽可能低碳，也可通过探索新能源产品的开发来降低碳物质的产生。

（3）服务便利性原则

服务便利性是指以用户的需求为出发点进行考虑，从服务设计的角度来看，我们可以以创新的方式满足用户的需求，让流程尽可能简便，在一定程度上节省用户的时间。

在传统的创造理念下，设计和生产的产品过分追求市场价值，而忽视了环境保护的价值。随着人类赖以生存的自然环境受到严重破坏，传统的消费观念与环境保护之间的矛盾逐渐升级，促使人类去思考和寻求平衡。绿色设计的目标是提高产品的综合价值，构建可持续发展的绿色生活方式，最终实现人与自然的和谐发展。

（四）服务设计理念

1. 服务设计理念的内涵

20 世纪 80 年代，"服务设计"的概念被首次提出，当时被人们视为新服务开发过程中的一项具体步骤；1991 年，"服务设计"在设计学领域正式作为学科被提出。服务设计是指为了提高服务质量和服务提供者与客户之间的交互，对服务的人员、基础设施、信息沟通和材料组成部分进行规划和组织的活动。

服务设计可以能动地更改现有服务，也可以创建全新的服务方式。综合来说，服务设计是由多学科领域交融形成的研究方式，与其说服务设计是新的设计学科，不如说它是一种全新的设计思维更为贴切。服务设计潜移默化地影响着我们的日常生活，在服务设计的整体流程中，"以用户为中心"是其核心观点，通过科学的设计方法服务用户方便、高效、愉悦地完成预想活动。

2. 产品创新设计中服务设计理念的原则

服务设计类与同类设计学科相比更为复杂，因此，在产品创新设计中，我们需要特别注意服务设计类。服务设计类综合了多类部门专业知识，并且其包含五项被大多数行业领域人员认可的基本原则。

（1）以人为本的首要原则

在产品创新设计中，服务设计理念要求我们坚持以人为本。服务是通过用户与服务提供者及相关中介者之间的互动行为形成的，其本质是满足用户的既定需求。

（2）共创性原则

服务流程中的受益者不单是用户，还有参与到服务流程中的众多利益相关者，其重点是多方协调共同创造服务。"共创"本意是指设计思维的开放包容，鼓励多方个体共同参与。

（3）有序性原则

有序性是指服务需要有逻辑、有顺序、有主次性地呈现，其呈现方式的逻辑和节奏会影响用户的体验感，用户在体验服务时主要经历了解、进入、体验、获得、延伸等阶段。

（4）服务可被感知原则

服务设计需要在真实的环境中研究需求，在实践中思考方法，探究最优的服务体验并证明服务的价值。但服务体验多数是不可见的，用户体验的量化反馈是服务评估的标准之一。在产品创新设计中，服务设计通常将五感（视觉、听觉、触觉、味觉和嗅觉）作为参考，用以验证服务感知的真实性。无形的服务需要被适时地展现，用户五感的体验量化数据是服务优质与否的有效反馈支撑。

（5）全局性原则

全局思考是服务设计的基石，注重全局思考是服务设计过程中的铁律。全局思考要求设计师在产品创新设计中兼顾有形服务和无形服务，保证用户在体验流程中的每一个瞬间都被思考到，同时从用户的行为习惯与逻辑方式出发来完成模拟体验流程，以不同视角、维度来优化设计各个环节，确保整体流程中用户的体验性。

（五）整合设计理念

1. 整合设计理念的内涵

"整合"一词意为将各个独立存在的不同个体单元，通过一定的结合方式进行协调组合，从而实现信息系统的资源共享和协同工作，形成有价值、有效率的一个整体。

整合设计不是将功能需求进行简单的叠加，也不是对各个单元进行生搬硬套的组合，而是一个取其精华且整理创新的设计方式。整合设计理念的应用可以对传统冗杂无序的各个单元进行有序布局整理，并进行有效的优化整合，从而实现对整合后的单元的整体利用，并可将各单元的优势发挥到极致。

目前，整合设计理念已经越来越成为国内众多设计类高校、设计团体机构组织的重要设计指导方法。作为一种支持多学科交叉设计优化的产品创新设计融合方法，整合设计的应用范围越来越广，已经涵盖家电产品设计、家具产品设计、应急救援装备设计、交通工具设计以及文创产品设计等众多产品设计领域，设计成果日趋完善和成熟。

2. 整合设计理念在产品创新设计中的研究应用

在产品创新设计过程中，整合设计理念的应用日渐成熟。整合设计目前常用于功能之间的优化整合，与功能集成创新理念的指导定义不谋而合。相对于产品设计，用户更希望得到满足自身使用需求的产品，而且只有使产品的价值和作用最大化，才能确保产品有更广阔的消费市场。

因此，将整合设计理念应用于产品创新设计过程中，应该从产品本身、用户的使用需求以及环境的适用条件等多个角度入手，在优化整合多种相关产品的优势的同时，将涉及的最新技术及创新点等进行集成整合，形成更加满足用户需求且更能适应环境的新产品。

如果只是一味地进行功能叠加，最终产品极易出现功能冗杂的缺陷。一方面，增加了一些次要功能，而这些功能并没有太大的实际作用；另一方面，次要功能的强加硬套还会导致产品空间消耗严重，进而直接影响到主要功能的发挥，甚至会大大削弱主要功能的作用，这也就违背了整合设计理念应用于产品创新的根本目标。

从狭义的角度来看，整合设计理念应用于产品创新设计，最终会研制出一款更具系统化、整体化、专业化的整合新产品；从广义的角度来看，整合新产品与用户需求、环境需求以及售后市场等多种因素相互协调又相互影响，形成了一个紧密相关的产品设计关系网，共同影响并促进产品创新。

（六）宜人性设计理念

1. 宜人性设计理念的内涵

随着我国经济的迅速发展，2020年我国经济总量突破了100万亿元大关，占全球经济总量的17%以上，各地区人均可支配收入也得到了提高，较2019年增长了近一倍，因此人们对生活质量的要求越来越高。而产品作为人们生活的一部分，作为给人们提供服务的工具，人们对产品的需求也不再简单局限于功能的实现，而越来越重视产品的美观性、人机性、情感性等方面，人们希望能从产品中感受到更多的人文关怀，像长期陪伴在他们身边、无时无刻替他们着想的工作伙伴，而不只是简单冰冷的"旁观者"。

所以，以人为本的设计理念成了产品创新设计的一大趋势，提高产品的宜人性成了每个设计师都应当掌握的技能。以医疗产品为例，以满足人们最基本的健康需求为目标的医疗产品，自然而然成了设计师首当其冲要进行改变的目标，完成医疗产品在设计上从单纯地注重功能向更注重满足人们的生理和心理需求转变。而要实现这一转变，首先就要对宜人性的内涵有深刻的理解。宜人性设计属于人性化设计，是对人性化设计中以人为中心的对物进行设计思考内容的提炼与升华，而人性化设计的内涵则更加广泛，既包含以人为中心对物的宜人性设计，还包含对环境、民族、文化等社会层面的设计思考。宜人性设计其实就是让人感到舒服、适宜的设计。这种舒服和适宜是多方面的，是产品与人、环境的结合，让设计出来的产品更好地为人服务。宜人性设计作为人性化设计的延伸，是在满足产品原有基本功能的基础上，对产品进行更深层次的探讨，使用户在使用时更加方便、舒适，侧重于对用户体验以及用户情感的关注。

宜人性设计不是设计师的心血来潮，而是人们根据自身特点对设计的内在要求，体现在设计的过程中，就是根据人类的生理结构、行为习惯、思维方式等，在产品形态、色彩、布局等方面注入宜人性因素，赋予产品宜人性的品格，使之不仅更舒适、易用、便捷，增强人们的使用体验感，满足人们的生理需求；同时使之更具生动性、情感性、个性化等特点，引起人们积极的情感体验和心理感受，达到"以情动人"的目的，满足人们的心理需求。

2. 宜人性设计理念在产品创新设计中的要素分析

（1）功能要素

产品具有宜人性的功能为宜人性设计的核心。现实生活中，影响用户购买产品的因素有很多，包括营销、外观、价格等，但是对大部分用户而言，购买一款产品的前提是这款产品是否简单易用、功能是否符合自身的生理需求。如果产品没有良好的功能要素，没有在设计中体现出对用户使用习惯的细致理解，没有做到时刻为用户考虑，就会导致用户在使用该产品时达不到想要的效果，不能切实满足用户的真正需求，那么这款产品的结局必定是被用户所遗忘，所以让产品本身的功能更实用和易用，是宜人性设计首先要达到的目标。因此，在创新设计一款产品时，设计师要先了解人们需要这款产品去做什么以及怎么做，必要时应当深入用户所处的环境，运用观察法、访谈法等调研方法对用户如何使用产品、使用过程中遇到的困难以及使用后的反馈进行信息收集，通过总结分析后更好地针对用户的需求去设计与优化产品的功能，使产品的功能更具宜人性，并在产品主要功能完善的基础上设计出附加功能，从而辅助用户更好地使用产品，提高产品性价比和用户体验。

一个产品的功能往往是满足用户需求最直接的表现，功能在产品的可用性和易用性方面是最主要的考核标准之一，从功能这个角度理解，产品在本质上是为了满足人类生活各方面的需要而服务的，它是人类的工具，工具是人的器官的延长，工具使人的各器官功能得以加强、延展或完善。对产品功能的确认必须在产品的市场定位和预计成本相适宜的前提下，从消费者的需求出发，以此为基础设置产品的功能。

例如，在中式外卖食品的包装设计中，设计师首先要考虑的应是包装的功能要素。外卖食品包装，作为食品包装在销售使用中不可或缺的一部分，是实现价值转换的手段，在食品销售流通过程中扮演着十分重要的角色。外卖食品包装的功能要素包括容纳功能；保护功能；方便流通和使用功能；美化宣传，提升产品附加值功能。容纳功能是食品包装的最基本功能，是实现流通的前提条件；保护功能是在整个包装的生命周期内确保食品的安全，是从物的角度考虑对人的生理需求的满足；方便流通和使用功能是在包装的生命周期内，从人的角度考虑人的生理需求，是宜人性设计的重要设计内容，也是包装功能要素中体现人性化设计的出发点所在；美化宣传，提升产品附加值功能，能更多地照顾消费者的心理需求，是宜人性设计的深层次表达。

（2）美学要素

宜人性设计应当注重展现产品的美学魅力，即让用户在视觉、触觉等多个感官体验上都能感受到产品所具有的美感，给用户带来感官上的愉悦和满足感。

在视觉层面，首先要给产品设计一个能够让用户感到舒适、漂亮的外观，包括造型和色彩两个方面，设计的关键在于要了解清楚该产品的使用功能、使用环境、使用人群以及企业的文化、品牌风格是怎样的，这样才能设计出既满足用户的审美需求，又符合企业在市场上的定位的产品，并且组成产品的每个部分都要与整体风格保持一致，不能在视觉上与整体产生特别强烈的反差。

在触觉层面，首先需要考虑的是产品材料的选择，这主要取决于产品在使用时所需要的强度、韧度等；其次是产品表面处理方式的选择，不同的产品风格、材料需要选择不同的表面处理方式。多样的表面处理可以使产品展现出不一样的光泽和肌理感，使用户在触碰到产品时也能感受到美的存在，如温暖的木质纹理、高冷的金属抛光、柔和的布质纹理等。

在其他感官层面，产品同样需要进行宜人性的创新设计思索，并且各个感官之间的体验都应当具有共通性，彼此之间相互映衬和配合，以便更好地体现出产品的美感，提高用户的感官和使用体验。例如，Texture Forest（质地森林）是一款专门为触觉防御过度的孤独症儿童所设计的医疗辅助产品，它通过模块化的地毯设计，解决了传统医疗辅助产品笨重的问题，并且地毯上每一部分都采用了不同的蘑菇造型元素，包括草菇、杏鲍菇、洋菇等，同时每种蘑菇造型可以根据客户的需求采用不同的材质，从而达到不一样的触觉效果。这种视觉和触觉上的相互配合，使孤独症儿童在使用产品时感觉就像是在触摸地面上真正的蘑菇一样，以此更加有效地促进孤独症儿童的触觉系统正常化。

（3）心理学要素

具有宜人性的产品在给用户带来优良的功能、使用感的同时，也会在情感上体现出对用户的关怀，丰富用户的使用体验，使用户的心理、生理需求都得到尊重和满足。人的需求已经不再局限于追求物质生活，而拓展到了对精神世界的追求。体现在产品创新设计中，实质上就是设计师以产品为情感信息载体，通过设计向用户传达情感化信息的过程，这也是一个将设计师和用户紧紧联系在一起的过程。因此，在创新设计一款具有宜人性的产品时，设计师不能任意发挥、固执己见，而要学会换位思考，多从用户的角度出发，不仅要考虑用户的生理需求，还要考虑用户在精神、文化、审美等方面的心理需求，同时应当收集用户在接触和使用同类或以往版本的产品时的心理感受和情感变化，并以调研反馈为线索获得新的启发，设计出更加符合用户心理需求和情感追求的产品，为用户营造更加良好的情感氛围，使用户可以拥有更加愉悦的感受去欣赏、使用和拥有产品，感受到更加多样化的情感体验。

（4）人机工程学要素

人机工程学要素是任何宜人性产品创新设计都需要考虑的要素，即为了达到产品与用户的身体尺寸和生理机能相符合、结构元件排布合理等宜人性目的，需要协调人—机—环境系统中三者之间的关系。在人—机—环境系统中，人指的是工作中的主体、操纵者或使用者，这里的人不单单是用生理特征来衡量的，同样还要考虑到不同因素的影响，包括社会规章制度、文化、环境等各个方面。机指的是被人所操控和控制的对象，也就是工具、设备等。机作为人和环境之间信息传递和沟通的重要桥梁，一方面人要有效地控制机器完成工作，另一方面环境要为机的工作提供最佳条件。环境指的是人在使用机工作时所处的环境，人不同的工作内容与机不同的类别决定了环境的性质，包括温度、湿度、光照等因素的不同。心理学家赫伯特·亚历山大·西蒙（Herbert Alexander Simon）曾在《人工科学》[①]中用"创造人工物"来解释设计科学，并提出设计是人工物内部环境和外部环境的结合，即人工物本身的物质组织和工作环境的结合。因此在产品创新的宜人性设计中，如何将人、机、环境统一成和谐的整体是设计重点之一。

首先，要从人的需求出发，注意人的生理特征是否与产品相匹配，也就是要根据人的身体尺寸、操作习惯、工作时长等来设计产品的整体造型，同样在产品的操作界面，屏幕的设置位置和倾斜角度也要根据人操作时眼睛与屏幕的位置来确定，按钮部分则要根据操作顺序、使用次数等条件设计大小、形状和位置，使人能够高效便捷地使用产品进行工作。

其次，产品的整体造型也要和环境相得益彰，营造舒适安心的工作氛围，从而有效缓解人在工作时的疲劳感。

最后，要选择最方便人和产品、人和人之间沟通的环境，尽量避免在环境中设置阻碍人移动或者会影响人对所接收的信息进行理解的物品。

---

① 西蒙.人工科学 [M].北京：商务印书馆，1987.

第二节 产品创新设计的类型

一、改良设计

（一）改良设计的定义

改良设计是在已有产品的基础上将产品的结构、功能或外观等方面进行完善的一种再设计方式。在产品创新设计中，进行产品的改良时首先要对原产品的情况进行调查分析，在保证合理的基础上对原产品的优势及劣势进行判别，并有依据地对其提出改良设计建议，最后在条件允许的情况下将改良后的产品与原产品进行分析比较，论证改良后的产品的可行性及改良的必要性。

通常来说，设计师在对产品进行改良设计时，一般会采用"产品部位部件功能效果分析"法：首先把原产品进行解构，了解其构造及组成，并将重要信息进行归纳分析，从而可以更深入地了解原产品，进而有效合理地开展下一步的改良设计实践。

（二）改良设计的典型案例

1. 面向租房人群的衣柜改良设计

青年租房人群的居住空间有限，故其租房空间存在"功能复合"，也就是说，同一个空间可能既要承担工作功能，也要承担生活和娱乐功能，因此家具配置就要考虑通过何种方式使家具可以灵活适用于此类空间，确保在合理利用空间的同时保证其实用性。青年租房人群还有一个特点就是暂时性，即居住的暂时性，这种特点是指其搬家次数相对较多，环境更换频繁，因此设计师在进行衣柜的改良设计时应考虑如何使衣柜结构更加灵活，从而可以通过结构的改变来提升衣柜的环境适应性。

设计师可以通过衣柜的可拆装组合设计以及部分结构的可折叠设计来增强租房用户衣柜的环境适应性以及衣柜的便携性，做到灵活利用空间，方便运输。可拆装组合设计，是使用一些方便拆装的连接构件或方法把产品的其他零部件连接起来，使产品方便用户拆解及安装的一种产品创新设计方式。这种衣柜的柜架整体较为轻便，并且可拆装结构易携带，便于收纳，可以很好地解决在运输方面的困扰。可折叠设计，顾名思义就是在产品上应用可折叠的结构实现产品的可折叠功能，可折叠家具可以通过对空间的灵活利用，使用户可以对居住空间进行一个符合自身需求的空间规划，根据空间环境进行家具结构或功能的改变，从而提升环境适应性，灵活利用空间。可折叠设计的应用还可以使家具具有一些附加功能，满足不同用户的使用需求。在对衣柜进行改良设计时，将此两种设计方法糅合设计出的产品在结构上方便拆装，具有很好的环境适应性及便携性，对于流动性强以及搬家频繁的人群来说可以很好地解决在衣柜运输方面的问题。

2. 家庭型包装容器的改良设计

中国已经进入后餐饮时代，注重饮食的科学健康与合理；注重烹饪文化的发展与传播；注重厨房生活品质与乐趣，也适时倡导和推动了新生活新烹调。随着人们对美食、健康和安全的认知提高，调味品的种类也越来越多，人们对感官体验和食物储存保护的要求也越来越高。

提示性可计量式包装是指通过在包装上设计一定范围单位数值的标记，对包装物的用量做出指示性设定，计量设定为一个符合该产品科学合理的用量，让消费者更方便了解关于用量的信息。使用提示性可计量式包装时，用户可根据自身需求自行取量。同时，包装上的量值范围与数值可根据包装物净含量与使用需求量进行设定。这种功能性包装特别适合新一代年轻消费群体。例如，以色列Ototo Design 设计工作室的设计师设计的意大利面计量存储罐，解决了人们不知怎样控制面条的量才刚刚好的问题。这款意大利面计量存储罐的盖子为尖塔状，既是存储面条的容器，也是面条计量的仪器。尖塔盖子分为 4 个从小到大排列的同心圆，每一段单独打开，都可以计量从 1 人份到 4 人份的食用量，人们可以根据需要控制面条的用量，从而避免了浪费。又如，由莫斯科设计师设计的一系列名为"25 厘米"的带刻度的火腿肠包装，每一厘米长度标记火腿的食用量，提示消费者火腿的健康食用量。

便捷性可计量式包装是一种用户使用时操作畅通无阻的包装，在特殊环境下或者对特殊人群来说也能无阻碍地进行操作的包装。例如，好丽友木糖醇"粒粒出"口香糖包装，这是好丽友公司专门为满足车载司机用户需求设计的一款可单手操作取出木糖醇口香糖的包装。该包装容器由内外两层组成，瓶盖处设置拉环，向上提拉后放下，口香糖将被自动推送至瓶口处，整个操作流程便捷、可计量，一次一粒。

3. 外卖包装盒结构的改良设计

随着生活节奏的加快，人们的就餐方式逐渐发生了变化，外卖已成为餐饮业中的新态势。每天成千上万的外卖订单需要消耗大量的快餐包装盒，但传统的外卖打包过程均由人工操作，效率较低，餐盒结构多为插入式或卡扣式，结构密封性差，配送过程中易撒漏。市场上的快餐包装盒材料主要包括塑料、纸和铝箔，以塑料餐盒为主。塑料餐盒多为扣盖式结构，盒盖依靠与盒身之间的摩擦力而不脱落，但在配送过程中，由于配送车的颠簸、加速和减速，餐盒内的汤汁极易撒漏，影响消费者的体验。商家为避免汤汁撒漏，常在餐盒表面缠绕多层保鲜膜，但收效甚微，并且增加了"白色污染"。随着国家限塑令的推行，减少或取代塑料快餐餐盒已成必然趋势。因此，有设计师创新设计了一种新型的包装盒。该外卖包装盒为一纸成型的带撕裂口的摇盖式盘式热封折叠纸盒结构，以盒底为基准面，四周体板沿各折痕线旋转 80° 折叠成规定好的盒型。其体板四个角隅处均采用平分角蹼角设计，最大限度地保证餐盒底部角隅处的密封性，防止汤汁渗出，并为餐盒提供较好的支撑，方便消费者的使用和堆码。摇盖采用热封工艺与体板完全封合，保证了餐盒成型的快速性和配送过程中的密封性。半切缝开口式盘式热封折叠纸盒成型后的热封边与摇盖为同一平面，便于热封设备作业。此外，撕裂线与摇盖热封边内部完全吻合，用户打开后可以全览包装盒内的食物。盒身长边热封边比盒身长边长两个热封宽度，在折叠成型时，盒身顶部为一个连续的热封面，可有效减少角隅处的热封漏洞，避免在配送过程中汤汁撒漏。

4. 儿童安全座椅功能构造的改良设计

儿童安全座椅作为婴儿外出乘车的必需品，通过紧密贴合儿童的生理需求，提高乘车安全系数并减少可能造成的身体损伤。现在用户对儿童安全座椅的产品需求不局限在主要功能——乘坐舒适、安全保护等方面，还体现在是否可以提供更多样化、人性化、智能化的服务。

目前，市场上流通的儿童安全座椅，大多数仅可提供单一的使用功能——保护儿童乘坐安全，但无法实现年轻用户的多样化需求。例如，当年轻父母计划带孩子外出时，还需要准备儿童手推车方便停车后孩子乘坐。因此，设计一种可变式多功能儿童安全座椅，在提供安全座椅的主要功能的同时，也可以变为手推车实现多功能是有必要的。

有设计师在经过创新设计之后，实现了儿童安全座椅的改良设计。将儿童安全座椅从汽车座椅上取下放置在手推车的中轴部横梁上，座椅底部凹槽与支架凸起部件装配好后，旋转手推车的中轴横梁支架下方的螺纹旋钮开关，旋片上的四个叶片旋转卡入座椅底部凹槽卡扣内，使得座椅固定。拆卸过程即反向操作旋钮开关，拆装步骤简单且有效，提高了产品使用的便利性。

二、创新型设计

（一）创新型设计的定义

创新型设计也称"原创设计"或"全新设计"，是指首先引入市场的具有较强经济影响力的创新型产品和技术。创新型设计通过对新材料、新发明的应用，在设计原理、结构或材料运用等方面有了重大的突破，设计并生产出来的产品与市面上已有的产品有着根本的不同，经常会引发新的产业的出现，甚至还会对人们的生活方式进行革新。创新型设计与重要的科学发现有着密切的联系，因此它经常需要经历漫长的过程，当然，在这个过程中创新型设计还会受到其他不同程度的创新的影响而得到补充和改进。

（二）创新型设计的典型案例

创新型设计是产品创新设计中相对来说比较"新颖"的题材，因为它从一定程度上来说创造了一种全新的产品，与之前存在的其他产品不同，在这里我们主要以商用扫地机器人为例进行说明。

目前，人们通常使用扫地机器人实现小面积的清扫，对于工厂地面等大面积的清扫环境，依然需要人工清扫。人工清扫路面的方式具有明显的弊端，如损害工人健康、产生二次污染、增加大气粉尘等，这就使得工厂等场景下的智能清扫需求变得日益强烈。现有的无人驾驶扫地车研究中，成熟的商业产品大多采用多传感器融合的方案，各种高精度传感器的使用使得扫地车整机造价高昂，在短时间内无法实现全面推广。

另外，设计师在研制无人驾驶扫地车时往往针对特定的场景需求，因此不同类型的扫地车一般只能用于特定的环境，无法跨场景普及应用。对工厂环境而言，其清扫范围介于家庭和道路之间，清扫面积大，垃圾种类复杂，家用扫地机器人和道路清扫车无法完成其内部的清扫作业任务，所以市场迫切需要研制专门针对工厂环境的无人驾驶扫地车。

国外机器人技术及清扫技术较为先进，相关研究者和商业公司已经开发出多款无人扫地车产品。美国国邦清洁设备有限公司（Intelligent Cleaning Equipment）和其他公司联合研发的无人驾驶扫地车 ICERS26，其配备的多种传感器能够感知环境，躲避障碍物。该扫地车于 2017 年开始在沃尔玛等大型超市以及美国的多个机场工作，对沃尔玛而言，原本每天要完成的店面清洁工作需要耗费大量人力，采用无人驾驶扫地车可以有效降低劳动力开支，为员工节省大量时间从而专注地服务顾客。加拿大机器人（Avidbots）公司生产的无人驾驶扫地车 Neo，其主要应用于大型商业场所，2018 年部署于新加坡樟宜国际机场。目前该公司正在拓展全球市场，在清洁行业人力成本高昂的澳大利亚，其产品需求量巨大。

相较于国外，国内的无人驾驶扫地车研究起步较晚，但近年来也得到了较快的发展。"蜗小白"是北京智行者科技有限公司自主研发的一款可用于室外公共场所的无人驾驶扫地车。"蜗小白"搭载三维激光雷达、摄像头、超声波雷达等多种传感器，配合硬件控制平台 AVCU（autonomous vehicle control unit）可以实现高效的识别探测及指令动作反应，具备闹钟式任务设计、自动加载地图、自动避让行人、智能一键召回等诸多功能。"蜗小白"采用特殊的清扫结构，可以实现不同角度全方位清扫，清扫范围可以覆盖道路边缘等死角。2018 年 7 月，上海仙途智能科技有限公司推出了一款无人驾驶扫地车，其搭载了 5 颗 16 线激光雷达、4 颗 1080P 高清摄像头、2 颗 24G 毫米波雷达，并采用 Nvidia 芯片进行数据分析及自主导航。上海仙途智能科技有限公司生产的无人驾驶扫地车覆盖 3～18 吨车辆，可分为大型扫地车和小型扫地车两种车型，其中小型扫地车主要用于景区、园区和非机动车道的清扫，大型车辆主要用于清扫城市道路、高架和隧道等。2019 年 5 月，上海仙途智能科技有限公司获得了上海市自动驾驶推进小组颁发的上海市首张自动驾驶清扫车牌照。"酷哇"机器人公司自主研发了一套由生活场景智能感知系统、无人驾驶决策规划系统以及特征驱动全局的定位系统三部分组成的 CO-MOEPRO 系统，生活场景智能感知系统提取和分类动态场景中的视觉以及几何特征物体，这些特征将会被语义化标注和结构化表达，进而分析时序变化的结构化数据以及对进一步的事件和行为意图进行建模，最终实现动态场景的语义理解。使用 CO-MOEPRO 系统的扫地车能够通过卡尔曼滤波器等融合视觉、激光雷达、里程计、惯性测量单元及全球定位系统等传感器数据，为系统提供精确的实时位姿。

三、概念设计

（一）概念设计的定义

概念设计是由分析用户需求到生成概念产品的一系列有序的、可组织的、有目标的设计活动，它表现为一个由粗到精、由模糊到清晰、由抽象到具体的不断进化的过程。

（二）概念设计的典型案例

在未来人居生活的场景当中，交通工具是一个重要的组成部分。从概念设计的设计思维角度来看，交通工具是资源获取的最大化转换中的一环，智能会更多地被应用于日常的生活与出行中，在未来的城市交通的相关场景上，主要集中在无人驾驶、无人送货、无人快递等方面。

美国太空探索技术（Space X）公司以及谷歌公司 X 实验室研发中的全自动驾驶汽车，完全不需要人的驾驶就能完成启动、行驶以及停止的动作，主要依靠车内的计算机系统来实现无人驾驶的目的。在测试过程中，该全自动驾驶汽车使用照相机、雷达感应器和激光测距机去"探测"交通状况，并且使用详细的数字地图进行路线导航。相较于现有需要由人来驾驶控制的汽车，可以称其为移动的轮式机器人。在此基础上的产品设计也呈现出快速涌现的局面，2010—2015 年，与汽车无人驾驶技术相关的发明专利超过 22000 件。

面对未来的需求，沃尔沃提出了未来高铁创新设计方案，设计有卧铺车一样的人性化服务与车厢内部设计，脚下留有存放行李、毛毯的储物格，乘客面前是通过语音控制的显示屏，当乘客需要休息时，座椅能够完全平躺变成卧铺。再如日本丰田汽车公司计划在富士山基地建造一座"未来城市"，以进行对未来社会生活发展以及交通工具产品及效率网络的实验。在这个实验中，研究者提出了面向未来的城市交通工具中的飞行汽车的概念，试图对未来城市生活的传输效率和方式做一定程度的设想。中国同样在未来交通工具的领域有着相当的竞争力，2018 年铜仁市与美国超级高铁公司（HTT）签署超级高铁的合作协议，进行产品的研发与实验，相较于当地现有的交通工具，显然是一种未来维度上的优势发展。

大量的互联网企业开始进入未来汽车领域，依靠先进的技术，投身于交通工具的研发当中。例如，小鹏飞行汽车、小米电动汽车等。在另一个领域，先进物流企业也积极地推出城市无人快递车等技术方案，在可以看到的未来，中国方案也必然会引领未来交通工具的发展方向。另外，不同的城市对未来城市交通有不同的认识。越来越多的城市认为，建设轨道交通比建设地下交通通道更具优势，"上天"好过"入地"。相对于美国公司提出的超级高铁方案，中国比亚迪自主研发的空中轨道交通产品云轨和云巴有一定的综合优势。云轨是中运量的跨座式单轨，每千米造价1.5亿～2.5亿元，仅为地铁的五分之一；工期仅为地铁的三分之一；车辆最高时速可达80千米，最小转弯半径仅45米，最大爬坡能力达10%，对城市的地形适应能力极强。云轨始终在相对独立的空中轨道上运行，与城市中的其他任何交通工具和行人分隔，预计建成运营之后比其他在路面上铺设的轨道交通更具安全性。

第三节　产品创新设计的意义

一、对企业的意义

（一）增加企业的价值

产品创新设计是连接企业和市场的桥梁。企业通过应用先进的技术和创新的设计，生产出满足消费者和市场需求的产品；产品在市场上的销售也使得企业实现了自身的发展需求，给企业带来了经济效益，提高了企业的知名度，促进了企业的发展，增加了企业的价值。企业品牌的形成首先是产品个性化的体现，而设计则是创造这种个性化的先决条件。设计是打造企业品牌的重要因素，如果不注重提升设计能力，企业将难以成为一流企业。

（二）提升产品的附加值

产品的附加值指的是产品由于自身所有的外观、设计、文化、品类、品牌内涵等所产生的除产品自身之外的价值。由于附加值具有主观性的特点，附加值的高低是由顾客决定的，不同的顾客对不同的产品附加值有不同的理解与喜好。例如，有的人认为华为手机具有国家情怀，因此购买华为手机，有的人认为苹果手机外观设计好看，因此购买苹果手机；有的人认为产品的附加值是商家的噱头，只是为了赚钱，有的人认为产品的附加价值能够牵动自身的购买欲望，而有的人认为附加值对商家和消费者都有益处。一些商品所带有的文化、情感、审美、外观、设计等方面的附加值能够激发消费者的购买欲望，而另外的消费者则无动于衷，因此，附加值是一个带有强烈主观色彩的词汇。消费者对附加值的认识源于他们自身所处的环境、文化知识水平、审美偏好，产品的附加价值是由顾客的需求决定的，如具有民族情怀的人喜欢购买更具有民族文化价值的商品。

市场新产品的开发更多依靠的是大众消费的需求，激烈的市场竞争在当今的环境下面临着如何提升产品的附加值的挑战。创新设计在被作为核心生产要素生产产品时，能够提升产品的附加值，创新设计的要素越多，产品的附加值也就越高，对于消费者的吸引力也就越大，竞争力也能提升。

二、对用户的意义

（一）改变人们的生活方式

当今社会，从设计纽扣到设计航天飞机，产品创新设计已经进入各行各业，渗透到我们生活的每一个细节，成了社会生活不可分割的部分。从人们所处的环境空间和所使用的物品、工具，到人们对物品工具的使用，再到思维的方式、交往的方式、休闲的方式等，无不体现着设计的影响，无不因设计的存在而发生变化，有的甚至是翻天覆地的转变。

产品不仅会潜移默化地对人们的生活产生影响，甚至会导致人与人之间的社会关系发生重大改变。对此，或许每一位手机用户都有切身体会：自从手机问世以来，尤其是智能手机普及以后，人们的生活方式、角色关系也在发生着改变。只要一机在手，无论是在高山海滨还是田野牧场，都掌控着一个实时、远程、互动的通信系统，而且人们可以通过手机上网实现购物、游戏、学习、办公等。但也有研究者发现，夫妻间信息的沟通因手机的出现而变得异常方便的同时，他们享受的交流空间却缩小了。因此，产品创新设计一直在潜移默化地改变着人们的生活方式，当然，这个改变是好还是坏，取决于每个人对这件产品的个人看法。

（二）帮助消费者认识世界

产品反映着设计师对社会的观察和认识，也反映着设计师对艺术、文化、技术、经济、管理等各方面的体悟。这些观察、认识和体悟被设计师融入设计的产品，在公众与产品的直接接触中，或多或少、或深或浅地影响了公众对世界、社会的认识与理解。例如，自20世纪80年代开始，设计师围绕着环境和生态保护进行探索，提出了诸如绿色设计、生态设计、循环设计以及组合设计等设计理念，并形成了不同的设计思潮与风格。顺应这些设计思潮而产生的产品，如电动汽车、可食性餐具、可循环使用的印刷品与纸张、带可变镜头的照相机等，在很大程度上能强化公众的环保意识，加深公众对人与环境的和谐共处的理解。

这样，我们就不难理解日本设计家黑川雅之的话："新设计的出现常常会为社会大众注入新的思想。"从积极的方面来说，产品创新设计对公众认识和理解问题的影响，是一种说服和培养，属于广义的教育。

当然，设计对公众起到的教育作用，不仅在于上述的影响，还有更多的内容。公众通过接触使用产品进行认识、思考和理解，会在文化艺术、科学技术、审美、创造力以及社会化等方面获得经验、增长知识、培养能力，在思想道德等方面提高素养。例如，各种造型可爱、功能多样的儿童玩具具有益智功能，能对儿童起到教育的作用，有利于儿童的健康成长。

同样，市场上许多设计精美的同类产品，功能相似但形式多样，无形中能提升公众的审美能力和创新能力。公众在使用计算机、智能手机等电子产品的过程中，对相关文化知识和电子信息技术的了解都会有所加强。

第二章 产品创新设计构成要素

一个产品创新设计的过程需要由诸多设计构成要素组合而成，其中功能、结构、形态等是构成要素中的重要内容。产品创新设计与这些设计构成要素的应用密不可分，了解这些构成要素的性能、特质，有助于我们更好地进行产品创新设计。

第一节 产品功能与创新设计

一、产品功能的相关概述

（一）产品功能的定义

1. 产品功能

产品功能是衡量工艺产品是否合格的要素。设计者应根据客户的需求确定产品功能，功能是设计者展开产品设计的前提条件。例如，当客户的需求是设计一个广告纸袋，设计者首先要考虑这个纸袋需要发挥两个功能，即装东西和打广告，在此基础上再去考虑增加环保、美观等元素。

另外，产品设计还应当考虑功能的合理性以及丰富性。设计者的设计通常带有较强的主观色彩，这个设计是否合理还需要经过市场的考验，在设计时可以多征求客户的意见，尽可能将客户的意见融入设计，从而保障设计的合理性。

2. 功能拓展

功能拓展的概念出现时间并不久，现多被用于建筑空间的理念研究。功能拓展具体指通过多种途径和针对性策略来对某一空间的功能进行合理优化，在增强现有功能的基础上赋予其新的功能内涵，从而实现空间的功能拓展。

从狭义上说，产品的功能指的是产品的作用与用途，拓展是指在事物原有基础上所增加的新的东西，使事物延伸出新的功能。功能拓展理念的内涵为，基于产品的核心功能，融入创新元素，通过产品内外部结构变化、形态造型优化、表现形式的转换等设计方式，针对用户不同的使用需求，遵循功能拓展理念整体性、多样性、实用性、互动性的设计特点，从而实现产品的功能拓展。

从广义上说，功能仅为产品的基本属性，功能拓展是使产品更加实用，更加符合不同用户群体的需求。从产品功能的角度出发，通过对具体设计方法的探究，可以挖掘出更多的产品价值属性。例如，产品的情感价值、文化价值、人文价值等，这些价值属性建立于产品的核心功能之上。

因此，功能拓展是一个基础概念，通过具体的设计方法，延伸产品的多种价值属性，从多维度实现功能拓展。功能拓展不同于功能叠加，二者有质的区别。功能叠加指产品不同功能间的单纯叠加，指附加于产品原生功能之外的新功能。例如，使夜灯具有播放音乐或具有加湿器的功能，即将两种功能叠加至一件产品之上，仅实现功能性。而功能拓展则是在产品原有功能的基础上进行合理优化，通过增强产品现有功能以实现并赋予产品新的功能内涵。

（二）产品功能的分类

产品功能的分类是设计需求、设计原理、设计认识、设计环境和设计活动的综合体。为了便于设计人员将抽象的设计任务具化为功能结构，确定功能实现原理、求解技术实现载体，有必要对产品功能进行分类。图 2-1 为面向功能结构设计的功能分类。

1. 依据整体与部分分为总功能与分功能

功能设计过程中受到各种设计要求的约束，设计信息的模糊性给总功能的确定带来一定难度。通常可用"黑箱模型"表征待抽取的总功能。该模型通过分析环境与系统之间的输入/输出情况，利用能量流（E）、物质流（M）、信息流（S）抽象描述待设计的产品总功能。分功能作为总功能实现的单元和手段，对应着具体的用户需求与设计任务。通过三流（E、M、S）将各分功能有机结合起来，便得到了功能结构。

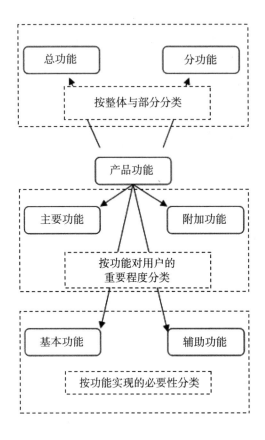

图 2-1　面向功能结构设计的功能分类

2. 依据功能对用户的重要程度分为主要功能与附加功能

主要功能是产品存在的目的。例如,照明灯的主要功能是增加环境中的亮度、抽油烟机的主要功能是转移油烟的位置。主要功能的确定主要从三方面考虑:是否为用户所必需的功能、用途是否为主要的、产品作用改变后产品性质是否全部改变。附加功能则满足了用户的不同需求。例如,汽车的主要功能是载人及载货移动,车内的影音娱乐、温度显示等为附加功能,这些附加功能满足了不同用户对舒适度和娱乐性的要求。在功能设计过程中,不同功能的改变形成不同类型的创新形式,如表 2-1 所示。

表 2-1　主要功能或附加功能改变形成的不同创新形式

功能改变形式	主要功能改变或附加功能改变为主要功能	主要功能不变，附加功能改变
形成创新形式	突破性创新或破坏性创新	渐进性创新或破坏性创新
说明	新产品出现	原有产品改进

3. 依据功能实现的必要性分为基本功能与辅助功能

基本功能是指满足用户基本需求的功能。例如，冰箱的主要功能是降低温度，其基本功能是将电能转变为机械能、压缩机对制冷系统做功。辅助功能是指满足用户兴奋需求的功能，该部分功能有助于提升产品性能。例如，在冰箱中添加温度显示、灯光控制、智能语音控制等辅助功能。

（三）产品功能的模型

1. 层次型功能模型

层次型功能模型的构建过程开始于总功能的分解，逐层分解得到分功能与功能元，再由三流（E、M、S）将所有功能元联结起来并形成网络。分功能作为总功能的组成部分，二者之间的约束及输入与输出间的关系控制着分解的方向。

功能元是已有零部件的抽象，与所有的分功能都可以建立流决定的功能模型。功能结构不仅可以抽象表达用户对产品的需求，而且有助于探析产品依据三流（E、M、S）完成的各功能之间的关系。功能结构的建立过程就是将产品的功能需求逐步具体化的过程，通过将设计问题模块化、结构化，进而使设计人员更清晰地认识所设计的产品。

2. 关系型功能模型

功能分析是发明问题解决（TRIZ）理论中的问题分析工具，通过功能分析可将已有产品的功能和元件以模块化的方式表示出来，即建立关系型功能模型。关系型功能模型可以帮助设计人员更好地理解技术系统，为识别或改进系统中的不足或有害的功能提供了分析环境。关系型功能模型主要面向已有产品技术系统，为后续的改进重点提供方向指引。

二、产品功能的创新设计

（一）产品功能创新设计的原理

每一种产品都有其特定的功能，以满足消费者的某种需要。产品创新设计首先必须进行功能的创新设计，一方面要使产品的基本功能充分发挥出来，另一方面可通过采用新的技术和手段的方式增加或扩大产品的功能，使产品的功能得到不断的创新和完善。产品功能设计的原理主要可概括为以下几种。

1. 功能开发

功能开发是指运用功能分析、功能定义、功能整理的基本方法，系统地研究、分析产品功能。通过功能系统分析，加深对分析对象的理解，明确对象功能的性质和相互关系，从而调整功能结构，使功能结构平衡、功能水平合理，达到功能系统的创新。

2. 功能延伸

功能延伸是指沿着产品自身原有功能的方向，通过研究和试制，使开发出来的同类新产品的功能向前延伸，既保留了原有的功能，又在原有基础上扩大了功能，这种延伸了的功能往往优于原有的功能。

3. 功能放大

功能放大是指创新设计出来的产品功能比原产品的功能作用范围扩大或者是原有功能作用力度的增加，从而使新产品的功能放大，形成多功能的产品。

4. 功能组合

功能组合是指把不同产品的不同功能组合到一种新产品中，或者是以一种产品为主，把其他产品的不同功能移植到这种新产品中。通过系统设计的定量优化可以实现功能的组合优化。

（二）产品功能创新设计的流程

1. 构建专利群分析

在满足用户需求的过程中，原系统已有需求不能完全满足用户需求时，需要不断基于准确定位功能来开发新产品满足用户需求。未完全满足用户需求的产品在市场上有一定的占有率，产品相对成熟，企业为了保护自己的创新成果，防止他人窃取自己的技术特征，一般会进行专利申请。因此，该技术领域的多份专利就产生了。

根据实际工程问题，进行已有系统的难点分析，检索技术系统存在的问题，明确相关专利是否将难点彻底解决，若未彻底解决技术难点，可开展后续全新系统设计。面对存在的多份专利，可以利用 Goldfire 软件专利引用模块构建专利群，该软件会自动建立相关专利群，对构建的专利群可通过归纳总结提取其技术原理，在后续设计新系统的过程中可提出新的原理，实现产品功能创新以及达到对所有专利群产品的规避设计。

2. 新系统设计的最终理想解描述

最终理想解是使技术和产品处于相对理想状态时的解。原需求未完全满足的专利群技术原理，不能完全解决已有技术系统的痛点，可开展全新系统的设计。在设计新系统的过程中，为了明确新产品的完整目标功能，可先对其进行理想化定义，即定义技术系统的最终理想解，最终理想解深刻阐释了技术和产品都是由低级向高级演化的本质。

基于最终理想解出发开展新系统设计，是按照产品定位要求来进行产品功能创新，能促使用户的原需求得到深入满足。

3. 基于 FAST 模型对新系统功能层面进行分析

定义完成后的最终理想解，只进行了目标功能系统理想化描述，并未对其开展功能层面的分析，若就此进行发散设计，较依赖设计人员的经验水平，需要一定的行业知识积累，不利于产品功能创新。针对上述存在的问题，利用消费者运营健康度指标体系（FAST）模型对新系统功能层面进行分析，主要包括功能定义、功能组成及功能分类，同时进行功能分解模型创建过程。

这种分析方法能将最终理想解进行抽象而简明的功能描述，并考虑了功能间的组成、顺序及因果关系，同时也能实现系统功能分解设计，为功能的求解指明了方向。

4. 新原理解的生成及结构方案设计

末端功能元是实现功能的最小化单元，功能元定义过程可利用功能本体库知识进行功能的规范化描述。例如，家禽掏膛动作可定义为"分离物体及传送物体"。设计新系统的过程中，末端功能元的求解可利用 Goldfire 技术创新软件中解决问题的工具或 TRIZ 技术创新方法中的问题求解工具实现新原理的生成。对于生成的原理解，可进行系统物理结构设计，将原理解映射成具体结构方案。面向原需求深入满足的产品功能创新设计过程模型如图 2-2 所示。

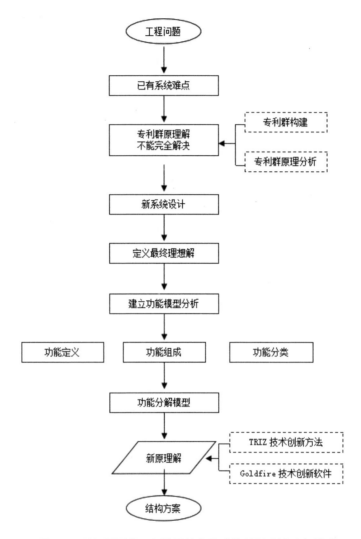

图 2-2　面向原需求深入满足的产品功能创新设计过程模型

　　通过对已有系统当前难点，构建专利群分析，总结判断出专利群的技术原理解不能完全解决已有技术系统的痛点，进而展开新系统设计，改良目标是构建新系统。首先，从已有技术系统难点出发，利用 Goldfire 软件专利引用模块构建相关专利群，通过专利群分析出目前专利群技术原理并未完全解决已有系统存在的技术问题。其次，利用 TRIZ 技术创新方法中的最终理想解分析出已有系统存在的障碍源，并将障碍源去除，寻找不会出现这种障碍的条件资源，进而开展全新系统设计。再次，结合 KANO 模型、FAST 模型分解出新系统的末端功能元，通过使用计算机辅助教学（CAI）技术创新软件及 TRIZ 技术创新方法求解出功能元原理解的功能设计、功能求解过程。最后，将求解的功能元原理解映射及组合成具体物理结构方案，以此来实现专利群技术原理解的规避以及设计出新系统来达到原需求深入满足的目的。

第二节　产品结构与创新设计

一、产品结构的相关概述

（一）产品结构的定义

产品设计的主要目标是功能，而决定产品功能实现的重要元素是结构。产品结构是指产品各组成元素之间的连接方式和各元素本身的几何构成。结构设计就是确定连接方式和构成形式。结构设计的基本要求是用简洁的形状、合适的材料、精巧的连接、合理的元素布局实现产品的功能。

（二）产品结构的类型

从运动方式的角度入手，产品结构设计可分为静态产品结构和动态产品结构，其中静态产品结构包括密封、连接、固定等表现形式，动态产品结构包括连续、往复、间歇等表现形式。静态结构给人以稳定的感觉特性，动态结构给人以有序、层次的感觉特性。

按照结构类别将各结构表现的感觉特性与关联感觉进行归纳总结，如表 2-2 所示，用户主要通过视觉、触觉对结构进行感受。结构元素根据产品的工作原理解释产品的交互方式和功能使用，不同的文化背景与生活方式下的产品结构存在着许多差别，如东方崇尚含蓄、包容的美学文化，在结构设计上多为密封、组合的结构，而西方崇尚自由、独立的美学文化，在结构设计上多为开放、简洁的结构。在通感设计中，可以将某种事物的工作原理转移到另一种事物之上，利用用户已有的认知经验，从产品的使用过程中触发通感。例如，日本设计师村田智明设计的一款名为"HONO"的电子蜡烛，在灯体内嵌入 LED 灯与感应器，通过结构联想的通感引发方式，借用划火柴、点燃蜡烛的交互过程，以视觉为本觉，将火柴由上而下的划动过程转化为视觉上渐变的色彩表现，使用户通过灯柱的颜色变化联想到蜡烛燃烧时的温暖触觉感受。将视觉挪移转换为触觉，通过产品结构的交互设计以及"点燃"灯光的交互形式，提升了电子产品的趣味性，触发了用户儿时的记忆，带来深层次的情感反馈。

表 2-2　材质元素分析

材质类别	材质表现	感觉特性	关联感觉
有机材质	皮革、木、竹等	质朴、天然、温润等	触、视、嗅、味、听
金属材质	铜、铁、金、银等	高贵、冷酷、沉重等	触、视、嗅、味、听
非金属材质	陶瓷、石、玻璃等	优雅、细腻、典雅等	触、视、嗅、味、听
复合材质	塑料、橡胶、亚克力等	细密、柔软、明亮等	触、视、嗅、味、听

二、产品结构的创新设计

（一）产品结构创新设计的意义

创新产品结构设计是企业发展的有益举措。当下，不同国际市场的需求呈现出较大的差异性。为了满足不同市场的需求，中国企业有针对性地开发产品，通过不断调整产品结构，进行产品结构的创新设计，推动了国际市场业务的拓展。例如，天津市金桥焊材集团股份有限公司了解到东南亚与中亚、西亚地区的气候差异，针对东南亚市场创新设计出了适合炎热潮湿气候的不锈钢药芯焊丝、铝焊丝、堆焊电焊条等节能环保产品；同时，为应对中亚、西亚干燥风沙气候，创新设计了多款节能环保产品。这些产品受到了越南、巴基斯坦等国客户的关注，为进一步拓展东南亚、中亚与南亚市场业务打下了基础。由此可见，合理的产品结构创新设计为企业带来了丰厚的收益，促进了企业的发展。

（二）产品结构创新设计的流程

1. 产品企划阶段

产品企划阶段，是以质量功能设计思想的理论指导最为重要的阶段。质量功能设计思想就是以市场为导向，以客户需求作为产品研发唯一依据的指导思想。将客户或市场需求转换为设计需求，能够识别出产品开发过程中的关键环节、关键零部件及关键工艺，进而为实现稳定的最优设计提供明确的方向和目标。

产品企划阶段将所有的研发工作都同客户的需求密切结合起来，提高了企业在市场上的竞争力，并确保了一次就能获得成功的概率，大大缩短了研发周期。对于像手机、电吹风、洗衣机和汽车这样的功能性产品来说，客户主要关注的不是花哨的外表，而是它们出色的性能。

2. 产品设计阶段

在之前的阶段，我们已经进行了初步的研究，初步确定了企业的目标产品结构。在产品创新设计过程中，产品设计阶段不仅是对产品结构进行设计计划的一个重要步骤，同时也是一个实体创作的过程，因此，我们可以把 TRIZ 的创意创作思想引入产品结构的创新设计。采用后向法，以最后的成果为出发点，逐步逆推，找出最优的结构解，最后达到设计要求。在整个产品系统中，产品的材料是人与产品进行沟通的中介物质，它既是内部机能的依附、保护和传播，又是人作用的直观实体，形成整体形态的社会性物质。产品集各种构件成型，是以一体化的构架把各个部件组合，对内固定各部件空间位置串联构成，对外施加外饰构件形成一体化外观和便于使用。那么以什么样的材质构成这种中介体，直接影响着产品功能的实现和价值的体现？再者，由于材质选择的不同，其加工工艺也会随之变化。在整个产品系统中，对材料和加工工艺的选择必须考虑产品的功能、造型、使用环境、现有技术和成本等方面。产品结构可以被划分成以下两类。

（1）外部结构

外部结构不仅是指外在构造，还包含与之相关联的内在构造。产品的外立面是由产品的材质与形态所表现出来的。它既是外在形态的载体，又是内在机能的载体。另外，利用整个结构来让元件实现其核心功能，也属于设计要解决的问题。

而掌控造型的能力，要拥有对材料、工艺的知识和经验，这些都是对结构元素进行优化的关键。不能将外部结构简单地看作外在的、形式化的要素。在一些情形中，外部结构并不具有核心功能，也就是说，外部结构的转换对核心功能没有直接的影响。例如，电冰箱、电视机等，无论外形如何变化，都保持了其冷却、播放音像等功能。在一些例子中，外表的构造自身也承载着核心职能。外表的构造与产品的功能有直接的关系。例如，单车是一种有两层含义的经典范例，既是一种表达，也是一种功能。简而言之，外表的构造就是一个"白箱化"的构造，只有当外在的条件与内在的要素都清楚时，才能对其进行设计操纵。

（2）核心结构

核心结构是以一种特定的技术原则体系为基础，并以其为核心功能而构成的产品架构。核心架构经常会牵扯到一些比较复杂的技术问题，并且它们分属于不同的领域和系统，它们会在产品中以多种方式表现出效果，既可以是一个功能模块，也可以是一个元件。例如，吸尘器的电机结构及高速风扇产生的真空抽吸原理是被单独设计生产的，可以被认为是一个模块。一般情况下，这些具有较高技术含量的核心功能组件，都需要经过专业的加工，由生产厂商或部门来提供不同型号的系列产品组件，而设计则是以其组件为核心，并以其所具备的核心功能为基础，对其进行外部结构的设计，从而使得产品能够满足特定的要求，构成一个完整的产品。对产品使用者来说，产品的核心架构是看不见的，只能看到它的输入点和输出点。对设计者来说，其核心架构通常也是"黑箱"，但是其投入和产出之间的联系一定要清晰。

3. 产品评价阶段

产品评价阶段主要包括材料及加工工艺的选择、结构验证和产品试制。

产品评价方法包括以下四种。

（1）AEM 法

1980 年，日本日立公司全面采用了面向装配的设计评价方法——可装配性评价方法（AEM）。但是，这种方法没有对手工装配、机器人装配和自动化装配这三种装配方式进行区分，因为研究人员认为这三种装配方式与装配难度具有很密切的关系，而且设计者很难在设计的早期阶段就确定实际装配的方式。

具体来说，AEM 法是用 20 个符号来表示不同的装配过程，每一个符号对应一个评价零件可装配性的指标。选用一种"损失点"作为评价标准，依据损失点的多少来评价整个产品的可装配性。到 1990 年，研究人员又对 AEM 法进行了改进，考虑了尺寸精度、结构的合理性精度、零件尺寸、质心位置、螺丝长度、装配过程的重复性等因素对装配成本的影响。

（2）DFMA 评价法

对面向制造和装配的设计（DFMA）评价法的研究始于 1977 年，主要思想为，首先尽量减少装配的零件数目，然后确保所剩的零件便于装配。该方法的主要原理如下。

①使用三个基本原则，对每一个零件的存在必要性进行提问，由设计者回答此零件不能取消或不能与其他件合并的原因。符合三原则的零件的数目总合，即得到装配的理念最少零件数。

②运用"装配时间数据库"对实际装配时间进行预估。

③对比实际装配时间与理念最少装配时间，得到的比值为设计效率。理念最少装配时间指理念最少零件在假设易于装配情况下所花费的装配时间。

④确定导致装配困难的设计缺陷。

总的来说，此方法是一个使设计更为合理、可靠的结构化设计分析过程。经验表明，由于此方法的运用，制造成本大大下降，而且由于作为质量问题主要源头的装配难度的下降，产品质量和可靠性也会大大提高。另外，产品结构的简化还会引起库存、供给、管理等相关费用的降低。

（3）Lucas 分析法

在 20 世纪 80 年代后期，卢卡斯（Lucas）分析法首次被人们提出。该方法总结了传统的从功能出发的产品研制过程的缺点：第一，顺序活动导致开发时间延长；第二，产品可制造性确定得过晚；第三，设计方案的选择与顾客要求及产品加工制造方法严重脱节。鉴于此，Lucas 分析法强调团队合作的思想，具体分析过程如下。

①功能分析：将零件分为 A、B 两类。A 类完成设计的功能要求；B 类完成联接、传动等辅助功能。用 A/B 的百分数形式表达设计效率。分析的目标是应用最少零件数法则，通过再设计减少 B 类零件数目，使设计效率达到目标值——60%。

②操作与输送分析：根据零件尺寸和重量、操作困难程度、定位难度三方面为零件打分，加总得到总分数。用总分数除以 A 类零件数得到操作 / 输送率，理想值为 2.5。

③联接分析：根据给定的装配顺序进行分类，根据装配方向、联接难度、视线限制、装夹时是否需握持、所需插装力大小来打分。总分除以 A 类零件总数，得到联接率，可以接受的设计联接率为 2.5。

（4）DAC 法

此方法是日本索尼公司开发的涉及面向装配成本有效性（DAC）的方法。在 DAC 法中，评价过程基于一张使用了百分系统的图表展开，每一装配过程都列在 DAC 表上，对应的 DAC 分数用棒状图表示出来。因此，可以容易地识别装配成本有效性较低的过程。这种方法的研究人员指出应在设计的尽可能早的阶段就进行 DFMA 评价。

4. 结构验证阶段

结构是实现机构功能性的重要元素。常用的结构验证方法有两种，即计算机辅助验证法和手板模型验证法。

（1）计算机辅助验证法

在产品 3D 建模时，可以运用 CATIA 软件外挂 SIM-Design 进行机构模拟。该软件能成功模拟机构运转时各关节连接的功能关系，并且根据程序内部设定自动生成机构各元素运动轨迹动画。如果机构设计出现问题（力学传动出错、连接键出错等），该程序就会报错并自动标注错误位置，轨迹动画无法生成。

另外，ANSYS 软件也可以进行机构验证。根据网格的布置（网格布置非常关键，直接关系到计算机运算量以及机构关键点的验证），ANSYS 可以自动进行矩阵运算，以数学的方式得出最佳的机构配合尺寸。ANSYS 是从力学的角度验证机构的。如需要得到一个既轻又结实的元件（尺寸已定），那么在设定时就可以以频率和质量为重要参数，计算机会运算出很多组合，从中合理选取频率最高且质量低的搭配组合即可。

（2）手板模型验证法

手板模型对于产品结构的验证是最直接也是最直观的，它不仅能完全展现产品在使用时的功能状态，更能从使用感觉上验证机构的合理性。例如，手机按键的反弹机构，在计算机中只能模拟验证机构的正确与否，但是对于使用手感——力量回馈无计可施。手板模型的制造需要与设计产品等比例、等材质，这样才能在各元件配合度上贴近真实生产成品。

虽然计算机辅助验证相对于手板模型验证成本低、速度快，但对于产品生产制造过程中导致结构无法正常运行的弊端无法验证。因此，需要根据产品种类和质量需求，合理选择符合该产品的结构验证方式。

第三节　产品形态与创新设计

一、产品形态的相关概述

（一）产品形态的定义

形态是产品的实物表现形式，是消费者对商品最直观的感受，也是设计师进行产品造型设计表达的关键元素。产品形态在设计上表现为点、线、面、体的组合，在其所传达的信息中，不仅具有尺寸、操作、功能等与产品相关的外延性意义，而且具有情感、个性、观念等与产品的感性认知有关的内涵性意义。

产品形态设计中的点有虚实、方向、大小等表现特征，主要通过视觉的方式传递信息，但当其聚合并按一定的规律排列时也会引起触觉和听觉的感受。从数量上可大致将点分为单点和多点两类，单点的位置不同，感受到的感觉特性也各不相同，单点集中时会有安定、严肃、停止的感受，单点分散时会有不稳定感；多点错落相间、大小不一，具有空间感和运动感。

线在产品形态设计中可分为直、曲两种表现类型。直线具有冷漠、严肃、单纯、朴实、明确的感觉特性；而曲线具有自由、间接、轻松、优美的感觉特性。除了视觉的感受，线的延伸与起伏会引起触觉和听觉的感受体验。例如，直线给人以平整光滑的触觉感受，折线会给人带来尖锐、刺痛的触觉感受，曲线会给人带来音韵律动的听觉感受。

面可分为规则面和不规则面两种基本形态，通过面积的变化，面能实现点与线的特征，除视、触、听三种感受外，面还能通过形象的事物形状引起人们嗅觉和味觉上的感受体验。规则的面，具有简洁、明确、规范的感觉特性；而不规则的面变化丰富，是偶然或自发形成的面，具有神秘、自由的感觉特性。

体由点、线、面组合构成，按体的轮廓形可分为几何体与非几何体两种。体具有长、宽、高的空间感，以及容积、质量、薄厚的重量感，可通过不同维度的变化实现点、线、面的特征，引起视、触、味、嗅、听五种感官感受。几何体是由规则平面衔接构成的立体形态，具有稳重、沉着、大方的感觉特性。非几何体是由不规则的平面构成的，具有活泼、自然、灵巧的感觉特性。

形态元素的感觉特性是用户通过产品形态感知，与其感官感知经验相关联的感性描述。在产品造型设计过程中，设计表现的形态与其相关的设计元素特征相联系，而不同的形态类别具有不同的关联感觉。如表2-3所示，对形态类别、感觉特性与关联感觉进行分析，有助于通感转换中感觉关联的形态设计信息解析。例如，韩国设计师针对用户夏日喜欢吃雪糕的饮食习惯，设计了一款小风扇。设计师将雪糕作为设计的出发点，将其味觉、触觉的感觉特性转换为视觉形态的设计元素特征进行设计，提取其轮廓椭圆、方形的形态设计元素特征。通过小风扇的形态引发用户对雪糕味觉和触觉的联想，让用户从视觉上的体验转换成了味觉和触觉上的感受，实现了多觉叠加的通感设计。

表 2-3　形态元素分析

形态类别		感觉特性	关联感觉
点	单点	安定、严肃、停止等	视、触、听
	多点	运动、空间等	
线	直线	冷漠、严肃、单纯、朴实、明确等	视、触、听
	曲线	自由、间接、轻松、优美等	

形态类别		感觉特性	关联感觉
面	规则面	简洁、明确、规范等	视、触、味、嗅、听
	不规则面	神秘、自由等	
体	几何体	稳重、沉着、大方	视、触、味、嗅、听
	非几何体	活泼、自然、灵巧	

（二）产品形态的语义

1. 形态语义概念

有学者认为，产品不但要有自明性，还要能够表达出产品类型和用法，即"以理服人"，且其造型能给人以情感的体验，体现出社会性、文化性等象征意义，即"以情感人"。哲学家苏珊·朗格（Susanne K. Langer）将符号分为两类[①]：文字语言的逻辑符号系统和非文字语言的情感符号系统（见图 2-3）。

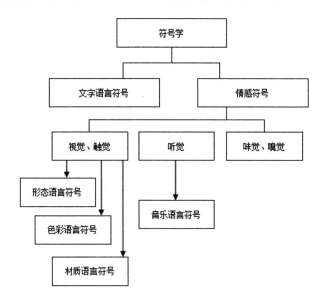

图 2-3　苏珊·朗格符号学

情感符号系统是以使用者的认知为基础的，是语言逻辑思维的源头。人类的感知系统包括视觉、触觉、听觉、味觉和嗅觉，是构成情感符号的基本要素。在

---

① 朗格.情感与形式 [M]. 北京：中国社会科学出版社，1986.

感知系统中，形态主要涉及视觉和触觉方面，其自身就是一种情感符号的形式，也是一种符号系统。形态的象征意义是一种具有指示、表达和交流的综合体系。作为情感符号的一种形式，形态语义学主要是对形态和外在特性的关系进行研究。形态语义是形体内部本质向外传达的一种语言意义，包含了由形态本质所决定的外在特征语义，以及人们对其心理感觉和情感语义，和文字一样具有一定的逻辑性和规律性，也具有"形态语法"，即形态语言体系的结构规律。从认知的观点来看，形式语言与文字语言的表达目标相同，都是为了揭示事物本质特性而进行的思想沟通。

2. 形态语义理念的构成要素

形态语义理念包括三个基本元素：形态语境、形态语构、形态语义。其研究范畴主要包含形态语言自身基础理念研究，即狭义形态语义学，以及所涉及学科的形态语义研究，即广义形态语义学，如图 2-4 所示。

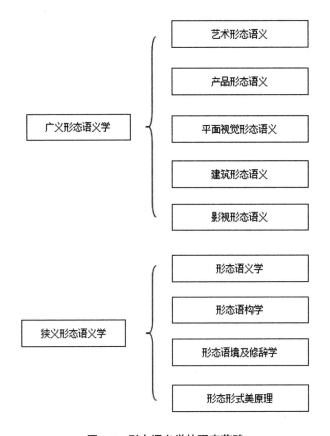

图 2-4　形态语义学的研究范畴

（1）形态语境

产品形态语境是指在使用环境下的形态"语言"，从认知和语义传递两个方面探讨了形态在使用对象、使用环境中的语义内涵以及在使用环境中的形式和意义。

（2）形态语构

形态语构是关于产品形态语言的结构规律，包含形态要素的基本单元及其之间的基本构造规律和法则，突出产品语义的说明性、审美性与象征性。

（3）形态语义

形态语义是对事物内在本质的语言意义或形态表达意义的研究，包含了对事物的概念和对其各个部分的语言意义的阐释。同时还包括形态语义的表达要求和方法研究，并在此基础上从产品色彩、材质、工艺、图案等方面对产品的形态语义进行探讨。综上，形态语境、形态语构与形态语义三者共同构成形态语义学的核心内容，又有各自研究的侧重点，是一个完整的研究和应用系统，也是一个完整的语言符号系统。

3. 产品形态语义的呈现方式

产品的形态语义分为外延性语义和内涵性语义，一个是外核，一个是内核，简单地说就是"外在的"和"内在的"。

（1）外延性语义

外延性语义在整个产品形态语义中是直接表现的"显在"关系，主要是指产品如何通过自身的结构、造型、功能、操作、色彩、材质等物理特性来说明产品本身，是一种确定性的、理性的信息。通俗来讲，外延性语义就是通过产品的外在形态特征让用户快速理解"这是什么产品""产品是用来做什么的""产品是如何使用的"等诸如此类的问题。外延性语义可谓是产品存在的基础，它所倡导的是一种实用精神，是形式追随功能的一种设计方式。外延性语义主要包括两个层面：一是识别层面；二是使用层面。

识别层面是为了让用户能够直观地辨认产品，以此来明示产品的作用与功能。不同的产品是由不同的功能、结构、操作方式构成，又结合外观、材质、色彩等要素构成整体的产品形态，所以能够让用户直观地辨认出产品的作用意图与使用方式，这样的产品也易于被用户理解、接受。

使用层面则是指产品应该具有良好的操作性，整体的操作要符合人们的操作习惯、流程设定要合理，让用户在使用操作的过程中能够更加深入理解产品的功能设定。

外延性语义的表达方式主要是通过特定的设计符号对用户进行产品上的指示，主要的研究方法包括三个：首先是通过视觉符号与人们共性意识上的一种相似性来暗示产品的使用方式；其次是通过产品本身所具备的各视觉符号间的因果联系来暗示产品的使用方式；最后是通过产品的材质、色彩、肌理设计来暗示产品的使用方式以及吸引人们的注意力。

（2）内涵性语义

内涵性语义是以外延性语义为前提基础所存在的一种语义，它是产品形态语义中的"能指"部分，是除产品造型、结构、功能等物理属性以外的东西，它与外延性语义一起构成产品所传达的完整语义。产品的内涵性语义在使用环境中主要呈现出来的是一种社会性、精神性、文化性等象征性价值，它包含社会与个人的联系，如意识、情感等要素。

内涵性语义的表达主要是通过产品形态来传达产品本身具备的思想感情，主要的研究方法包括以下三个：一是通过视觉语言符号来体现产品的技术功能以及自身的功能、性质等；二是通过视觉语言符号传达产品的档次阶级，借此来体现产品的不同等级，以及与众不同之处；三是通过视觉语言符号传达产品的安全感，主要是指使用者在生理与心理上的安全。

好的设计都兼顾了形态的外延性语义和内涵性语义。例如，美国建筑师埃罗·沙里宁（Eero Saarinen）设计的胎椅，在外延性语义上指称的是母亲的怀抱，借椅子的形式直接说明椅子的内容本身。直接进行表达，语义浅显易懂。而椅子形态在内涵性语义上让受众联想到婴儿躺在母亲怀抱的画面，在情感上让人瞬间觉得柔软、温暖。再如，悉尼歌剧院的外形设计，在外延上人们联想到船只、贝壳、海龟等，在内涵上让人联想到它所在的地理位置是海边，再联想到澳大利亚是一个四面临海、与海洋有紧密联系的国家，这些与之相似的形态也是与海相关。形态与周围环境各种关联形成一种符号，很容易让人接受。

4. 产品形态语义的应用方式

基于产品形态语义学的研究范畴、呈现方式与传播模式，产品形态语义学在产品设计中的具体应用方式应该包括四个基础方面，首先要确定好目标产品的使用情景，并以此为基础建立产品的预期形态语义，然后对产品的预期形态语义进行具体要素上的转换与整合，最后对所形成的产品进行形态语义上的评价，确定语义是否正确使用。

（1）设定好产品的使用情景

没有一种商品是单独存在于人们的生活中的，它们的存在离不开人、物和环境。因此，在以产品形态语义学思想为基础进行产品的设计时，要先对产品将被放置在什么样的环境下进行思考，之后，再以环境中的人、物、场景等要素为基础，来决定产品的作用和行为。

在一定的使用情境中，产品本身实则上扮演着两种不同的角色：一种是产品自身所固有的角色，是其自身作为一类客观存在的事物所具备的机能角色，也就是产品所呈现出的外延性语义；另一种是人在产品身上投射的主观情感所产生的角色，它能够映射出人们的心理、社会的状态、文化的价值等象征性意义，是一种象征角色，也就是产品所呈现出的内涵性语义。但无论是哪一种角色的创建，原则上都必须借助产品形态语言的诠释才可以实现。

针对机能角色，产品通过形态语言来帮助产品建立准确的物理特性，并依据形态语言传达产品自身的操作、性能、品质等，以此来引导人们对产品的正确认知与操作。

针对象征角色，产品通过形态语言传达其自身的象征意义，以此作为与人沟通的桥梁，实现人与物的沟通。这也就说明产品形态语义学要求产品具备自身固有机能角色的同时还要具有象征角色，所以，在从产品形态语义的角度出发进行产品设计时，首先要考虑的就是产品的使用情境。只有先确定好产品的使用环境，才能够赋予产品正确的机能角色与象征角色，为人们创造出更多好用、适用的产品。

（2）建立产品预期形态语义

产品的形态语义主要包括两方面：一是机能角色所呈现出来的语义，也就是产品形态语义所呈现出的外延性语义；另一方面是象征角色所呈现出来的语义，也就是产品形态的内涵性语义。外延性语义可以借助产品自身的功能分析来建立，而产品的功能是以社会形态和加工技术为基础来分析的。对于设计者而言，功能是产品存在的基础要素，是产品创新的突破口。

当一个产品的功能比较复杂时，通过对各个功能元素间的联系进行分析，能够为用户提供一个更加容易理解和使用与操作的产品。因为产品的作用是由人们的主观意识决定的，因此其应用场景也更加错综复杂。所以，构建内涵性语义的过程就变得更加复杂，它不仅要包含人们的心理性目标因素，还要包含社会、经济、文化等目标因素。这种语义的建立可以依据人们的共同经验和记忆对事物的感性联想，或是用户对于社会关系中的归属感、身份感，抑或是基于某种文化认知层面等进行语义的建立。

（3）预期形态语义的转换与整合

预期形态语义的转换与整合就是在建立了产品的预期形态语义目标要素之后，将各语义目标要素转换为设计要素，再将所转换的设计要素整合形成最终的产品形态，如图 2-5 所示。

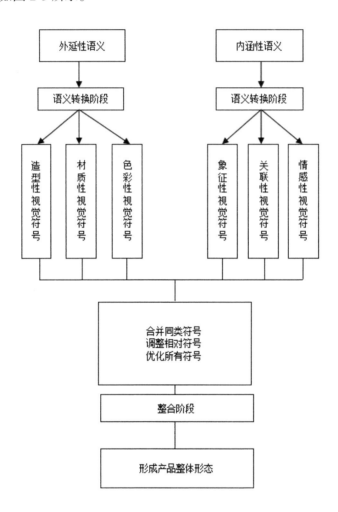

图 2-5　预期形态语义的转换和整合过程

预期形态语义转换的方法是基于产品形态语义学的原理，将外延性语义转换为相应的造型、材料、色彩上的视觉符号，再将内涵性语义转换为象征、关联或情感性等要素，然后构建在造型、材料、色彩上，也就是说将外延性语义与内涵性语义共同作用于产品的形态上才能构成产品形态语义。将外延性语义与内涵性语义所对应的要素都转换为相应的设计要素之后，设计者要进行的下一步工作就是将这些要素进行合并、优化、调整，然后进行要素整合，使这些构成产品的语义要素产生一定的协调性，使其和谐地呈现出产品的整体形态。

（4）产品形态语义的评价与确定

形成产品之后，还需要对所设计的产品进行评价，通过评价才能够确定预期语义转换的合理与否。评价方式主要是通过对消费者使用反馈或调研等心理学上的测量方法对产品与语义关联性进行评价，再将评价的结果与预期语义进行对比，如果用户反馈的语义认知结果与设计者的预期语义相同或类似，则可证明此产品的语义转换与整合是成功的。如果用户反馈的语义认知结果与设计者的预期语义不同，则需要设计者对语义的转换与整合阶段进行调整与改变，直到用户的认知语义与设计的语义达成共识。通过对产品形态的语义评价可以直接地得到产品的语义传达是否准确。如果用户对产品的语义认知与设计者的预期语义认知有出入，那么用户则不能领悟到设计者设计创造产品的真正目的，也就不能完全领会到产品的功能与内涵。这样的产品也将会是失败的产品，所以评价阶段是不可缺少的，也是十分重要的一个阶段。

二、产品形态的创新设计

在现代产品设计中，形态设计离不开对功能、结构、材质等多种因素的研究，这是对产品内在的"质"、组织、结构以及文化内涵等本质因素的外在表象反映；而"形"是产品的外形，指的是产品的物质形态；"态"则是指产品可感觉的神态，也可指产品外观的表情因素。在装置艺术中，形态存在于现实中的物体具有的形状和状态，形状即物体的大小、轮廓等样式，状态是在某一时间点的某物体具有的形状。而在"设计形态学"中，设计形态将智能形态归纳为"第三自然"，强调的是造型的过程研究，将设计形态学方法论导入动态装置艺术的创作。动态装置呈现出具有时间的非线性叙述特征，依据空间和时间等多线索进行表达。

（一）产品形态创新设计的意义

让产品拥有令人印象深刻的外在形态，不仅是消费者在选购相关产品时的基本需求，也是设计师在进行设计创作时需要考虑的重点，所以产品的形态设计是设计创新过程中十分重要的环节。优秀的产品形态设计，不仅可以让产品摆脱同类型产品同质化的问题，引起消费者的关注，还能赋予产品附加价值，为个人或企业带来经济收益。随着社会的发展，产品的外在形态逐渐成为消费者选购某一商品的决定因素之一，产品形态设计的基础是功能，只有满足了产品功能性的形态设计才有意义，功能性和形态相统一，才能让设计出的产品别具一格。目前，我国市场上同类型产品同质化的问题也逐渐展现出来，产品形态设计的重要性也日益提高。同时，对于设计师而言，产品形态设计对展现自身创作水准和提高自身设计水平也有重大的作用和意义。

当前所谓的产品，是指将基础原材料通过特定的设备和技术进行加工，并具备多种功能的物品，是当前先进技术的媒介，展示特定的技术原理，并将外观形态作为其主要的外部表现。形态表达是产品的重要组成部分，是产品设计当中不可或缺的一大要素，因此产品的功能包含本身的价值以及审美和认知两大功能。需要指出的是，实用功能是所有功能的基础，直接决定产品的结构和使用价值。而在另一方面，审美功能直接决定产品的外在形态，在一定程度上起到提高吸引力的作用。当前产品不仅需要讲究其使用功能，更加需要注重其审美要素。像时装注重时尚潮流，完全符合当前社会高节奏多变的生活，外观形态已经成为激发消费者购买欲望的重要因素之一，与内在实用功能相比，外观形态在很大程度上会直接影响到消费者行为。

此外，在当前众多企业，其产品技术含量基本处于同一水平，因此在竞争的市场背景下，抛开技术因素直接影响用户行为的主要是产品的个性化以及形态创新两大要点。因此对于当前众多企业而言，为尽可能获得更大的市场份额，在进行产品设计时往往会将外观形态作为创新的重要一环。

（二）产品形态创新设计的流程

1. 确定初始形状

解析产品形态，选取代表性特征形状作为推演新设计方案的形状基础，同时需要根据设计要求选取参考性特征形状。

2. 语法规则的选取

语法规则分为生成性规则和修改性规则。生成性规则是初始形状从无到有地产生一个造型，如"替换、增删"等规则。修改性规则是依据初始形状衍生新形状、满足新要求，如"缩放、旋转"等规则。这些规则的应用需要根据设计目的决定。

3. 确定约束规则

产品的风格意象定位要求在推演设计时根据意象感受有意识地进行推演变

化。产品造型受到结构、人机等因素的影响，需要根据实际情况明确空间尺寸的约束关系。

4. 推演设计

推演过程中需要把握语法规则运用的度。变化过度会降低新形状与初始形状辨识度，使产品无法延续品牌形象。变化不足则会使新形状缺乏创新，最终导致产品缺乏新鲜感。

5. 生成设计方案

通过执行形状文法，推演过程中的每一步形状均可使用，将各部分的形状进行组合可生成大量设计方案。

6. 进行方案评价

依据约束条件对设计方案进行评价，如果不符合设计要求，可进行重新推演，符合设计要求则输出设计方案。

第三章 产品创新设计思维探究

实现产品创新，是产品设计的目的之一。设计首先是一种思维活动，要综合各个领域的知识。设计创新是在思维和技术上创新，是理论和实践的整合，同时融合了自发性的自觉及理性决策思考。综合来讲，产品创新设计需要各种形式和类别的创新思维共同发挥作用。

第一节 创新思维形式

一、创新思维概述

（一）创新思维的内涵

19 世纪 70 年代，德国思想家弗里德里希·冯·恩格斯（Friedrich Von Engels）在《自然辩证法》和《反杜林论》等文中都曾提出过关于思维的科学概念，并在研究人类思维方面提出了一系列原则性论述。恩格斯说过："关于思维的科学，也和其他各门科学一样，是一种历史的科学，是关于人的思维的历史发展的科学。"思维是人类所特有的一种最重要、最基本的意识活动。无论是人类的实践活动，还是人类的文明与进步，都离不开人的思维活动，并深受其影响。思维是人脑对客观现实世界的间接反映和概括，它反映的是事物的本质和事物之间的内在规律性联系。也就是说，思维可以反映同一类事物之间的共同特征和本质属性以及不同事物之间的内在联系，显然它属于理性认识的范畴。

创新思维是人类在认识世界和改造世界的过程中运用的一种具有创造性意义和创新价值的思维。美国心理学家华尔特·科勒斯涅克（Walter Kolesnilk）认为，创新思维就是指发明或发现一种新方式用以处理某件事情或表达某种事物的思维过程。美国心理学家大卫·克雷奇（David Krech）在《心理学纲要》[①]中写道，创新性思维或创见性解决问题，它要求提出新的和发明性的解决方法。作为一种思维活动，创新思维同其他思维形式一样，都需要运用一般思维方法，并且具有一般思维活动的基本形式。创新思维是多种思维形式和思维方法相互作用所构成的一种整体化的思维过程，它不是某一种单一的思维形式，也不是某几种思维形式的简单叠加，它是发散思维与收敛思维的辩证统一、求异思维与求同思维的辩证统一，也是非逻辑思维与逻辑思维的辩证统一。

创新思维是一种高度发展的思维形式，是人类思维发展的高级形式。具体来说，创新思维具有广义和狭义之分。广义的创新思维是指人们在问题的提出、分析和解决的整个过程中，能够对创新成果起作用、有影响的一切思维活动；狭义的创新思维则是指人们在创新活动中直接产生创新成果的思维活动，如灵感思维、直觉思维、想象和顿悟等非逻辑思维形式。现在所讲的创新思维通常指狭义的创新思维。创新思维是需要超越旧有的、固定的和习惯了的认知方式，以全新的角度和观点去看待事物，提出新颖的、不寻常的、独特的观点和理论的一种思维。由此，创新思维成果就表现为一种突破性的、独创性的新假说、新思想、新观点和新理论以及新方法等。而创新思维的创新性和创造性也决定了其具有灵活性、多样性、随机性和突发性的特点，与传统思维形式相比，它没有固定的思维模式和缜密的逻辑关系，在思维的内容和思维成果的呈现上也是与众不同的。简言之，创新思维就是一种开拓意识新领域，具有创见性的思维形式。

（二）创新思维的特点

创新思维作为人类诸多思维形式中的一种，它自然具有一般思维的共同特点，与其他思维形式具有一致性，但它又不同于其他的一般思维，还具有其独有的特点，主要体现在思维形式的突破性、思维过程的辩证性、思维成果的独创性、思维空间的开放性以及思维主体的能动性等方面。

1. 创新思维的思维形式具有突破性

这种突破性也表现为思维形式的反常性和思维发展的跨越性。创新思维不是针对现有概念、观点和理论的逻辑推理的过程，而是要依靠非逻辑思维形式，如灵感思维、直觉思维、想象和顿悟等。同时，创新思维也没有现成的思维方式和方法可以参照，所以它的方式、方法等也都没有固定的框架和模式。当一个人在进行创新思维活动时，他的思维是灵活的、不受约束的，在思考问题时可以快速

---

① 克雷奇.心理学纲要 [M].北京：文化教育出版社，1984.

地转换思路，并全面地探寻问题的解决方法，在选择和重组的过程中，找到合适的解决方案。由此，创新思维活动就表现出一种思维不受束缚、不循规蹈矩的灵活性。思维总是处于灵活变化之中，它往往是以灵感和直觉思维形式的出现为标志，以飞跃式、突发式的方式解决问题。如果一种思路行不通，能够迅速转换成另一种思路。可见，创新思维不恪守逻辑性和有序性，它允许思维不断变化和自由跳跃。

2. 创新思维的思维过程具有辩证性

这种辩证性是指创新思维既不是某一种单一的思维形式，也不是某几种思维形式的简单叠加，它同时包含着丰富多样的思维形式，如既包含非逻辑思维也包含逻辑思维，既包含发散思维也包含收敛思维，等等。每一对思维形式都构成了对立面，它们之间既相互区别，又相互依存，是对立统一的辩证关系，在此基础上便形成了创新思维的矛盾运动，进而不断地推动着创新思维的发展。这种辩证性还表现为创新思维的综合性，创新思维是一个综合体，它综合了多种思维形式。也就是说，只是单纯地运用某一种思维形式，并不能真正地形成创新思维，创新思维的产生和发展需要综合运用多种思维形式。创新思维是发散思维与收敛思维的辩证统一、求异思维与求同思维的辩证统一、逆向思维与正向思维的辩证统一、非逻辑思维与逻辑思维的辩证统一、非线性思维与线性思维的辩证统一。

3. 创新思维的思维成果具有独创性

这种独创性也表现为创新思维成果的新颖性、唯一性和首创性，它是创新思维的直接体现。生活中需要运用创新思维来认识和解决的问题，通常是没有现成答案的，无法用传统的、旧有的常规方法加以认识和解决，这便要求我们在头脑中对已有的概念和观点进行重新组合，从而产生对于社会或者至少是对于自己而言全新的观点和方法。可见，创新思维就是一种有创见性的思维形式，它的成果对于社会或者个人来说是独创的、新颖的和独特的。创新思维贵在创新，具有创新思维的主体会在已有知识的基础上，努力探寻解决问题的新思路，以实现认识和实践的新飞跃。总之，具有创新思维的主体不仅强调保持自身的独立性，而且强调重视自身的创造性。

此外，创造性是思维主体新思想、新意识、新思路、新方法的展现。创造性强调一个字，就是"新"，它往往表现在结果上，是思维主体在独立思考后呈现的某种阶段性的发现、想法、意见或结果，并且这些意见、结果是大家所不知道的，也是此前思维主体不知道的，这种发现和结论就是一种新颖的、独创的见解和一种新的突破。

4. 创新思维的思维空间具有开放性

这种开放性也表现为思维形式的灵活性和随机性，它主要指创新思维需要从多角度、多方面去看待事物和考察问题，由此形成了发散思维、求异思维和逆向思维等多种创新思维形式，而不再局限于单一的、固定的、纯逻辑的、线性的思维形式。创新思维活动是一种灵活的、开放的思维活动，它的发生往往伴随着直觉、灵感、想象和顿悟等非逻辑思维活动。然而，这些非逻辑思维的产生和运用又往往因人而异，它的发生需要有恰当的时间、适合的环境和相符的对象作为条件，由于这些条件的限制，可以认为创新思维活动是不能被模仿的，它具有很强的随机性和特殊性。

5. 创新思维的思维主体具有能动性

这种能动性表明思维主体在进行着有意识、有目的、自觉的创新思维活动，在这个过程中，人的主体本质力量得以充分展现。也就是说，创新思维活动不是客观物质世界在人脑中的直观的、被动的反映，而应是积极的和主动的，这一活动过程充分显示出人的自主性和能动性。

以上五个方面充分体现了创新思维区别于一般思维的独有特点。除此之外，创新思维也不同于逻辑思维。创新思维是人们在已有经验的基础上，不断在现实生活中发现新问题、提出新思路、探寻新方法的思维。然而，逻辑思维则是在已有经验和现有知识范围内的一种思维活动，虽然运用这种思维也可以形成创新成果，但是此过程一般离不开甚至局限于固有的经验和知识之中，一些结论也主要是靠在一定范围内根据固有的规律所进行的判断和推理而得出的。不同于逻辑思维，创新思维正是要突破已有的经验和现有知识的局限，它具有很强的新颖性和突破性。在人类现实生活中，仅凭逻辑思维来产生新概念、新观点是远远不够的，更要依靠创新思维等非逻辑思维。总之，人类思维的本质就是创新，创新思维在很大程度上表现为"不合乎"逻辑性，属于非逻辑思维范畴，它是人类思维发展的高级形式，是人类思维能力高度发展的表现。

（三）创新思维的相关概念

1. 创造性思维

（1）创造性思维的概念界定

创造性思维是指当个体为遇到的问题（一般指非结构化的、没有固定解决方案的问题）找到新颖的解决方案并建立新的网络时，个体表现出的创造技能。美国心理学家乔伊·保罗·吉尔福特（Joy Paul Guilford）将发散思维看作创造性思维的核心，看作衡量个体创造性思维水平的重要标准，他将创造性思维界定为人们运用新颖的方式解决问题时，能够在单位时间内产生大量独特且不同种类产品的心理过程。[①] 尽管在对创造性思维的定义上，心理学家之间存在一定的分歧，但是大多数心理学家认为创造性思维与产生新颖且有用的心理产品密不可分，该观点也得到了广泛的应用与验证。

因此，可以将创造性思维界定为在解决问题的过程中，能够在较短时间内迅速找到具有一定新颖性且正确有效的解决方案的心理过程。

（2）创造性思维的主要特点

创造性思维的主要特点有以下几个：第一，创造性思维主要包括集中性思维、发散性思维、变通性逻辑思维以及各种批判性思维。第二，创造性思维本身也必须具备新颖性、先进性、独特性三大优势，它是一个成年人在自身智力发展层面上已经得到了高度提升的重要表现。第三，创造性的理论思维和科学批判之间仍然存在着紧密的相互关系。创造性思维是分散思想与整合思想的有机糅合和统一，如果仅有分散思维，人们不可能在许许多多的解决方案中选出最合理的方案。例如，当解决中学生创造性思维的发展特征与学业成绩之间的关联问题时，人们就需要将分散思维的成果与自身相对照，从而运用整合思想在多个不同的解决方案中做出最合理的抉择，所以整合思想又是创造性思维的重要成分。

（3）创造性思维的加工模型

为寻求理解创造性思维背后的心理表征和加工过程，研究者通过将人类大脑的创造性思维和计算机进行模拟，发现创造性思维有着比较规则的加工过程，可以根据特点和作用机制分为不同的加工阶段或加工类型。常见的用来解释创造性思维加工机制的模型有四阶段模型、双过程模型和双通道模型。

第一，四阶段模型。20世纪初期，英国社会心理学家格雷厄姆·华莱士（Graham Wallas）出版了专著《思想的艺术》，尝试对创造性思维的加工过程

---

① 吉尔福特.创造性才能——它们的性质、用途与培养[M].施良方，沈剑平，唐晓杰，译.北京：人民教育出版社，2006.

进行论述。他在书中首开先河，提出了创造性思维的四阶段模型。[①]该模型将创造性思维分为四个阶段，分别是准备期、酝酿期、顿悟期和验证期。在准备期，人们需要搜索已有的知识和经验，产生创作的方向，对问题进行分析并做出努力的尝试。在酝酿期，华莱士引入"无意识"概念来对该阶段进行解释，他认为被试在思考过程中如果遇到困境，可以选择先暂时搁置问题、转换状态，虽然看上去似乎对解决问题没有直接帮助，但此时思维依然在无意识地运作中。在顿悟期，经过前两个阶段的信息联结和整合，人们会突然得到解决问题的方法。验证期也是创造性思维的最后一个阶段，在该阶段中，人们对顿悟期产生的想法进行验证，以确保准确性。创造性思维的四阶段模型搭建了关于创造性加工的理论框架，在该领域有较强的影响力，其关于"酝酿期"的观点得到广泛认可，后续研究者在该模型的基础上进行了改良，使创造性思维加工理论更加合理。

第二，双过程模型。双过程模型是创造性认知过程理论的代表性模型。在该模型中，创造性思维主要包含观念生成和观念评价两个认知过程和阶段。其中，在观念生成阶段，主要进行联系性的信息加工，包含信息搜索、提取、比较、分类等初级加工过程；在观念评价阶段，则需进行信息评价及筛选，以挑选出符合适宜性和新颖性要求的内容，该过程涉及对初级过程的监控、认知策略的选择等高级认知加工阶段。观念生成过程以自下而上的数据驱动加工为主，观念评价过程则更多是自上而下的控制加工，观念生成与观念评价两个加工过程循环作用，直至产出创造性产品。创造性思维的各个加工阶段具有不同的机制和特点。例如，有研究发现，外部评价会降低观念生成阶段的效率，但可以提升观念评价阶段的观点适宜性。

第三，双通道模型。创造性表现一方面与灵活的、发散的思维有关，另一方面与持久的、自下而上的处理有关，在此基础上，阿姆斯特丹大学的卡斯滕·德勒（Carsten K. W. De Dreu）等提出了创造性成果的两种加工路径——灵活性通道和坚持性通道，形成了创造性双通道模型。相关研究者认为，两种通道都可以促进创造性思维观念的生成：灵活性通道可以通过类别加工、灵活转换、远距联想等认知策略的使用，促进新奇观点和创造性见解的产生；坚持性通道则包括产生创造性想法、问题解决的过程，在有限的类别和视角下通过深度探索可能性，有利于打破常规、克服认知偏见和功能固着，但是该通道需要维持注意水平，会耗费较多的认知资源。两种通道有着不同的作用机制。例如，研究发现，工作记忆容量和坚持性通道关系密切，当任务时间较长时，工作记忆容量可以预测创造性表现，较强的工作记忆能力使个人能够在进行创造性加工时坚持不懈。

---

① 华莱士.思想的艺术 [M].北京：中华书局，2003.

2. 设计思维

（1）设计思维的内涵

在设计思维的发展历程中，研究者不断对其内涵及定义进行扩充，并提出了各自不同的想法。目前对于设计思维的具体定义尚未形成统一定论。笔者通过对相关文献的分析整理，认为对于设计思维内涵及定义的理解主要可以划分为三种，具体如表 3-1 所示。

表 3-1 设计思维的三种主要观点

主要观点	观点内涵
设计思维—思维方式	设计思维是一种独特思维模式，源于设计师获取特定知识与技能的思维方式
设计思维—创新解决方案	设计思维是一种创新解决方案，是能够有效指导使用者解决各类问题的结构化方法
设计思维—系统方法论	设计思维是一种创新的系统方法论，具有标准化的环节，以指导各类创新活动

①设计思维是一种独特思维模式。设计思维是设计师获取特定知识与技能的方式，属于思维模式的一种。设计师的思维模式以及他们面对问题所选择的思考解决策略不同于科学家，科学思维更强调分析过程、因果关系，注重其逻辑性与科学性，而设计思维更强调发散性思维、直觉以及想象力，通过发散—聚合的过程实现创新可能性。

②设计思维是一种创新解决方案。设计思维是能够有效指导使用者解决各类问题的结构化方法。整个过程包含研究方法、分析方法、头脑风暴、创新和发展等，可以帮助使用者提出创造性的解决方案。同时也有学者指出，设计思维可以作为一种工具包，直接提供给有需求的企业、学校、个人等，可以帮助解决各类设计挑战以及各类型的问题，是一个方便有效的问题解决办法及指导思路。

③设计思维是一种创新的系统方法论，具有标准化的环节，以指导各类创新活动。可以将设计思维作为解决"刁钻问题"的创新方法论，帮助解决各类复杂问题。

设计思维是指从设计师的特有认知方式演变为创新方法论，从原有的帮助生产设计产品到创新方案产出，从设计领域逐步扩展至各行各业，人们所探索的设计思维理论体系逐步完善，也为后期在各领域的实证应用研究打下坚实基础。

随着研究者对设计思维的价值认识逐渐深入完善，其普适性不断提升，内涵不断丰富。

（2）设计思维的本质特征

我们需要抓住设计思维的本质，而不局限于给其下定义，这些本质特征将成为设计思维融入产品设计的关键原则。在此基础上结合国内外学者对设计思维特征的理解进行总结，具体结果如表3-2所示。

表3-2　设计思维的特征总结

特征	描述
共情（同理心）	强调用户的需求与感受和以人为本的理念
社会化	注重现场调研，了解、定义待解决问题或项目的现状，积极与团队进行交流、合作、分享
迭代性	不断地试误与修订，在实践中检验方案的有效性
可视化	观点用图、表以及作品等可视化的方式
开放性	保持乐观的心态，不急于决策，敢于进行多种尝试
系统性	对于设计问题要有宏观的把握，综合不同角度寻求整体的解决方案

虽然不同学者的表述方式有差异，但是根据其具体含义进行分类，可以发现设计思维主要具有以下几点本质特征：①共情（同理心）。强调用户的需求与感受，展现了其以人为本的理念。这是所有研究者都提到的特征，因为设计特别需要从人的需求出发，从现实情境中的问题出发，此特征保证了设计思维的情境性与现实性。②社会化。注重现场调研与沟通交流，引导人们通过各种手段进行信息采集与分析，帮助人们快速了解、定义待解决问题或项目的现状。该特点也要求参与者以开放性的心态进行团队合作，积极与团队进行交流与分享。③迭代性。设计过程是围绕设计问题不断建立想法、推翻想法、修改想法、完善想法的非线性过程，此特点强调通过非线性的方案迭代去启发思考，通过不断地试误与修订，在实践中检验设计方案的有效性。④可视化。强调参与者的观点用图、表以及作品等可视化的方式呈现出来，也强调设计过程中原型制作与最终的作品输出。⑤开放性。强调设计者应该保持乐观的心态，大胆思考但不急于决策，敢于在过

程中进行多种尝试，为找到最优解决方案持续努力。⑥系统性。对于设计问题要有宏观的把握，综合不同角度寻求整体性的解决方案。

（3）设计思维的模型

设计思维作为一种面对创新学习以及复杂问题的结构化解决方式，具有主观性、不确定性、创造性、以人为本等诸多特点，为不同领域的决策者提供更具灵活创新性的解决方案，同时也是帮助学生实现创新创造的一个有效且重要的途径。随着设计思维在多领域的深入应用，众多公司、机构、大学等都提出了各类设计思维模型。例如，西蒙于 1969 年提出的第一个设计思维模型"分析—综合—评估"，通过运用这一线性基础单元模型来解决问题。此后，设计思维逐渐被教育领域所关注，由斯坦福大学设计学院于 2010 年提出的 EDIPT 模式被广泛运用于学生及教育工作者的学习与教育工作中。同年设计公司 IDEO 也提出了应用范围更广的设计思维模型，可以更加灵活地运用于设计、企业管理、商业、教育等多个领域。

在各类设计思维模型中，比较常见的思维模型包括斯坦福大学设计学院和IDEO 公司提出的设计思维模型。

①斯坦福设计思维模型。斯坦福大学提出的经典的 EDIPT 设计思维模型包括五个步骤：同理心、定义、构思、原型、测试。

同理心：俗称换位思考，是指思维主体跳出自身视角，站在对方的角度，与其交流想法。其根本目标就是通过与对方的深度交流，了解其实际需求以及挖掘隐性需求，为确定问题奠定基础。常用的方法有观察、倾听、访谈、问卷调查等。

定义：对搜集的信息进行团体讨论或自主思考，从而定义出可理解、可操作的问题。常用的方法有知识地图、讨论等。

构想：该步骤作为核心，根据定义的问题，通过团体思考、讨论，利用数字化或传统工具、资源习得所需的知识技能，多角度、全方位地提出解决问题的方案。结合讨论、对比的形式，对多个方案进行完善、修改，达到当下能力的最优标准。常用的方法有头脑风暴、思维导图等。

原型：根据构思过程提出的方案，制作出简单的、具有意义的作品，为方案的测试和修改提供可以参照的初代作品。常用的方法有程序设计、草图绘制、模型建构等。

测试：不仅包括测试功能，而且可以反馈修正。首先是测试解决方案的有效性，即测试方案能否有效解决定义阶段的问题。之后，根据测试结果，筛选出需要修正的问题，进行多轮迭代修改。

②IDEO 设计思维模型。IDEO 总裁兼首席执行官蒂姆·布朗（Tim Brown）

在其著作《IDEO，设计改变一切》[①]中，提出在设计创新的过程中，会有彼此相互重叠的空间系统，共同构建起完整的设计探索通路。在各空间之间实质是反复的、非线性、发散与聚合交替进行的过程，这三个空间分别是灵感、想法、实现。

灵感：主动寻找需要解决的核心问题，寻找设计机遇，强调人的需求是摆脱现状的核心动力，以人为本展开探究。这是一个发散的过程，也是一个灵感迸发的过程。

想法：构思阶段的前半部分是对上一阶段产生的想法、问题等进行梳理及定义，是一个收敛的过程。设计存在一定约束条件，其中包括可行性、延续性、需求性。在限制条件下构想问题的最优解决方案。后半部分则是测试阶段，将对已生成的想法进行更新、测试、迭代。这是一个小范围发散的过程，在实际测试中寻找更多突破口。

实现：可以将其总结为"把想法从项目工作室推向市场的路径"，在这一过程中，包含对产品进行真实场景的测试，以获取更多使用者的反馈与意见，在实践中逐步完善解决方案。展开以人为本的探索与调整，帮助产品更好地走向市场。2011 年 IDEO 公司为设计思维更好地应用于各类创新教育场景发布了《教育者的设计思维手册》，其中将原有的三个空间阶段具体分为五个阶段，即发现、阐述、想法、检验、改进。相较前者，针对教育工作者的设计思维模型步骤更加具体详细，原模型中的第一阶段"灵感"分为"发现"与"阐述"两部分，更便于明确操作步骤，阶段任务定义更加精准。而第二阶段的"想法"则细分出"想法"与"检验"两个环节。最后是新模型的"改进"环节，由于思维模型使用场景发生变化，故调整为通过后期跟踪学习，不断对原型进行修正更新，虽然作为整个模型的最后一步，但也是下一个需求循环的开始，强调持续学习继续前进。

3. 相关概念的比较分析

在已有的概念研究中，创造性思维和设计思维是与创新思维具有相关性的两个概念，下面将对此进行概念上的辨析，以便更好地理解创新思维的概念内涵。

广义上，所有一切体现创新性的思维都可属于创造性思维；狭义上，创造性思维是指人类大脑产生灵感或顿悟的认知过程和思维活动。创造性思维的根基和表现形式是抽象思维和形象思维。创造性思维与创新思维在概念上接近，在有些研究中被作为替代性概念使用。有学者提出二者在核心范畴中上存在差别，对于创造性思维和创新性思维的理解，关键是"创造"与"创新"本身内涵的差别。

---

① 布朗 .IDEO，设计改变一切 [M]. 沈阳：万卷出版公司，2011.

在对创造性思维和创新思维概念的联系与区别进行辨析的基础上，进一步阐明设计思维与两个概念之间的联系与区别。创新思维、创造性思维与设计思维都带有鲜明的创造性，体现了新颖性和独特性的特征。但具体而言，三者在核心内涵及侧重点等方面具有不同之处，详细辨析如表3-3所示。

表3-3 创新思维与创造性思维、设计思维的内涵比较

比较内容	创新思维	创造性思维	设计思维
核心	创新性、突破性	打破惯例、求新求异	以顾客为中心、创新性
侧重点	"理性"和"分析"	"想象"和"发散"	"溯因""直觉""分析"等思维相结合
价值取向	以价值增值为目标，更强调新产品或新成果的有效性	反对墨守成规，追求新颖、独特、自我展现	以顾客体验为驱动，从多种不同角度产生解决方案
训练要点	决策性	发散性	同理心和开放性思维
结果可测性	遵循可靠的分析系统和实现流程，具有较高可预测性	思维步骤跨度较大，具有跳跃性和不确定性	具有较大不确定性，早期经常失败
思维主体	侧重于集体力量和协作	侧重于个体的特质、创意或想法	侧重于跨学科或跨团队等形式的广泛合作
思考方式	关注新事物如何实现和推广的再生性构思	对新事物本身的原生性构思	想象未来可能实现的事物和情景
行为态度	实用主义、系统和协作思维、开放灵活的态度	持有好奇、怀疑、批判和个性化的态度	冒险、拥抱不确定性和模糊性、开放设想、乐观
时间阶段	主要发生在创新过程的实施阶段，发生在后	主要发生在创新过程的初始阶段，发生在前	是一个从需求发现到创新实现的迭代的过程

第一，创新思维强调创新性和突破性，而设计思维的核心是以人为本或以顾客为中心的创新性的问题解决方案，创造性思维则强调打破惯例和求新求异。

第二，创新思维侧重于理性的分析，而设计思维侧重于溯因、直觉、分析等思维的结合与平衡，创造性思维则更侧重于发散思维与想象。

第三，在价值取向方面，创新思维往往以价值增值为目标，更强调新产品或新成果的有效性和市场价值，而设计思维主张以改善顾客体验为驱动，从多种不同的角度和方面产生解决方案，创造性思维则强调以反对墨守成规，以追求新颖、独特和自我展现为导向。

第四，在思维的培养方面，创新思维的训练要点在于其"决策性"，而设计思维的训练要点在于"移情"或"同理心"和"开放设想"，旨在站在顾客的角度思考顾客需求，并从不同角度提出多种方案，创造性思维的训练要点则在于其"发散性"，如一题多解、举一反三、想法的多样化等。

第五，在结果的可测性方面，创新思维遵循可靠的分析系统和实现流程，具有较高可预测性，而设计思维的结果具有较大不确定性，早期经常失败，创造性思维则具有跳跃性和不确定性，但创造性思维更强调创造性思维本身的价值而非结果。

第六，在思维主体方面，创新思维侧重于集体力量和协作，而设计思维侧重于跨学科或跨团队等形式的广泛合作，创造性思维则侧重于个体的特质、创意或想法。

第七，在思考方式方面，创新思维的关注点是对如何实现和推广创意的思考，而设计思维是对未来可能实现的事物和情景的想象，创造性思维则是对新涌现的创意本身的构想。

第八，在行为态度上，创新思维偏向实用主义、系统和协作思维以及开放灵活的态度，而设计思维往往偏向冒险、拥抱不确定性和模糊性、开放设想、乐观，创造性思维则偏向持有好奇、怀疑、批判和个性化的态度。

第九，在创新过程发生的时间阶段方面，创新思维主要发生在实行阶段，发生在后，而设计思维是一个从需求发现到创新实现的迭代的过程，创造性思维则主要出现在整个创新过程的前期，发生在前。

二、创新思维的主要形式

（一）科学思维与艺术思维

科学思维的思维方法，是由在科学研究以及对思维方法的研究中形成的包括逻辑思维方法的科学思维方法构成的。典型的科学思维方法包括归纳法、演绎法、数理法、系统法等。

创新思维是根据经验活动和理性活动产生的科学知识进行的思维活动。科学知识是在知性和理性的共同作用下产生的，科学知识产生于对直观世界的表象的科学实践中，是知性作用下经验活动和理性活动的共同产物，当基于思维活动进行科学活动时，思维与科学知识在共同发展。在运用科学思维进行创新设计实践时，科学知识凝聚于创新设计实践中。

艺术活动是人类通过塑造某种实体来表达内心情感和意识的一种实践活动。艺术思维顾名思义就是人类在艺术活动实践中运用的一种思维模式。在《艺术思维的起源》[①] 这篇论文中是这样定义艺术思维的：艺术思维就是通过创造具体生动的形象来反映社会生活和自然环境，并以美的感染力具体影响人的思想感情和社会生活的一种掌握美学形式的特殊方式的思维活动。但是，整个艺术思维又离不开科学思维的指导，灵感并非凭空而来，而是在经验或长期的逻辑分析的基础上形成的。在设计师进行创作时，艺术思维作为主要的意识形态，可以带来无限的创意与灵感。

艺术思维的主要特征表现在两个方面：一是艺术思维来自对事物的认识。在自然界当中，无论是动物还是植物都具有各自的形态和外观特征，这是大自然赋予其独有的特点，设计人员要善于发现大自然中各种事物的美，从不同的视角发现其独特的属性，并将其作为自身艺术设计的灵感和源泉。设计人员及时地归纳和总结自身的感知和认知，会为艺术创作增添更多的创作元素。二是艺术思维能力的发挥需要以大量的知识和经验为基础。较强的专业知识和丰富的经验，能够促使设计人员快速将笼统的素材朝着具体艺术方向转化，并且能够提高设计人员艺术设计的总体水平。

（二）抽象思维和形象思维

抽象思维是人类在观察研究客观对象时，思考、分析并提取出最核心的内容，运用概念、判断、推理等思维形式，对客观现实进行间接的、概括的反映的过程，是理性认识阶段。抽象思维具有逻辑性，以基础理论概念为起点，它并不是简单的主观感受或是通过异想天开的事物进行思考。

抽象思维有抽象性和确定性这两个最基本的特征。其中，抽象性是抽象思维的核心内容。抽象作为一种思维活动的过程，是对已知的事物或概念进行类比、归纳、整合，以此划分不同类别的事物，筛除个性及表象，抽取出其本质或规律。确定性特征是指在总结事物根本属性时，必须筛除现象中的偶然性及特殊性以保证其确定性。设计师在设计产品的过程中，经常会将抽象思维这两个特征作为创

---

① 　王炳社.艺术思维的起源 [J].唐都学刊，2007（6）：103-106.

作设计的依据，其中，抽象性是设计作品中最常出现的特征。

思维的过程也是抽象的过程，在创作活动中，首先我们在创作之前要拥有具体形象思考的能力，感受原始事物的状态，然后把握原始事物中的规律，分析得出其内部构成，它的创作过程是具体形象和抽象共同作用的结果。目前抽象思维在设计思维领域应用广泛，当我们用具象思维思考，灵感创意却停滞不前时，可用新颖、非传统的抽象视觉形式与带有批判性的角度重新进行思考，提取出重点并进行主观意识上的梳理整合，适当忽略所谓的合理性与逻辑性，创作出的作品往往会使大众眼前一亮，呈现出意想不到的效果。在产品设计中，抽象思维是先通过以理性的思考方式对设计对象进行归纳提取，再进行概念整合，最后融汇自身情感意蕴，赋予其形式。

形象思维是通过绘制以及操作形象标志来表达思想、传递信息的过程。形象思维的物质载体是"形象"。根据相关研究给出的形象的定义，形象是在视觉与典型心理共同作用下刻画或展现事物整体基本结构的人工标志，包括色彩、线条、形状等。这些要素通过联想、类比和分析进行组合、分解和再组合，最终形成具有概括性、整体性的理想形象。《马克思主义哲学全书》[①]中说："形象思维把外界的色彩、线条、形状等形象信息摄入大脑，通过联想、想象、象征和典型化等手法，创造出某一独特完整的形象，并用它去揭示生活及周围事物的本质和存在状态。"我国著名科学家钱学森在1995年的书信中也指出，形象思维是宏观的、整体的。

在设计过程中，抽象思维和形象思维这两种思维方式是最为重要的，它们在设计师的心理活动中各司其职。形象思维以设计师对物象最直观的感受为基础，要求设计者运用自身的感性理解和审美认识通过艺术的手法对各种表象加以变换，创造出具有独特内涵的意象；抽象思维则是与逻辑思维相似，要求设计者以理性的思考，对各种设计对象的信息进行分析归纳，转化成明确的概念，融入创造活动。因此，产品设计要求设计师同时满足两重心理状态差异：前者较为热烈，属于感性体验；后者要求冷静，属于理智思考。在创作过程中，可先通过感情的冲动，感知事物的一般规律本质，对其产生整体认知；然后克制感性冲动，进入理性思考阶段，探寻事物背后的内涵和寓意。由此可见，形象思维和抽象思维可以和谐地统一在一个设计过程中，它们之间也有共通之处，即都以感觉材料为依据，都要求不断深入现实现象的本质。所以设计师需要平衡地把握两种思维模式，在设计过程中和谐地调动二者。

① 周孟璞.马克思主义哲学全书 [M].北京：中国人民大学出版社，1996.

（三）理性思维与感性思维

在哲学领域，理性是指万物的生长与毁灭存在着客观规律性，即不随着人的意志转移，但人类可以去认识、掌握自然规律。《现代汉语词典》中对"理性"的解释为：一是与感性相对的推理判断活动；二是能够理智地控制自己行为的能力。理性一般可从人性论、认识论、价值论方面去进行解读。理性最本质的内容就是思辨与推理能力。综上所述，理性通常与感性相对，理性一般是指能运用证据对事物进行推理、判断、分析的思维活动，能透过表面现象揭示事物本质的能力。

《中国学生发展核心素养》中对理性思维的概述为：崇尚真知，理解和掌握基本的科学原理和方法；尊重事实和证据，有实证意识和严谨的求知态度；逻辑清晰，能运用科学的思维方式认识事物、解决问题、指导行为等。哲学家和逻辑学家认为理性思维是逻辑和推理的加工，与感性思维相对；心理学家认为理性思维是推理的特定思考过程。也有学者认为理性思维是指有意识地寻求知识、加强知识的过程及思考。它是一种以客观事实为依据、遵守逻辑事实规律、具有较强批判能力的思维方式。还有这样的定义：理性思维是基于证据、逻辑推理的思维方式，体现人类认识事物本质和规律的逻辑思维能力。综上所述，理性思维是以理论为主导的科学思维方式，且具有明确的思维方向，通过对事物或客观现象的分析、推理与判断，经过深入研究后体现事物的本质特征，并且具有很强的逻辑性和极高的可信度。科学严谨的理性思维是艺术设计过程中不可忽视的。要想成为一个合格的、优秀的设计师，理性思维是必备的一项能力。

感性思维是指人们借助形象思维，以生动、丰富、具体的形象直接反映外界事物，它和客观事物是直接联系的，基本上无中间环节，是人们对事物的各个片面、现象和外部联系的反映。感性思维常常只认识到事物的表面现象，而没有揭示事物的本质和规律。因而，感性思维作为认识的初级阶段，其表现形式包括感觉、知觉和表象三种形式。人类的感性心理活动是与生俱来的，通过感觉器官（眼、耳、鼻、舌、体）来感知事物的外在形象和外部联系，从而构成了感性心理活动的反应对象，这种心理活动的具体表现有感觉、知觉、表象以及它们在心理活动过程中的运动与变化。这些表象普遍有着具象化、易感知的特性。感性心理活动对于客观事物的反应具有直接性，主要表现为人的主观意识的直接反应。感性思维主导着人们的情绪、情感变化，随时在对外界事物感知的过程中进行变化，它能够将人们对事物的感觉快速反映到大脑当中，自动开始本能地判断并形成所谓的直觉，却也容易因为欠缺理解深度而做出失误的判断。

总的来讲，理性思维是感性思维的高级阶段，感性思维是理性思维的基础，两者相互渗透、互相依存。产品创新设计中的理性思维就是在设计中的感性知觉的启发引导下，使设计师的感性直觉、灵感经过实践的检验、深化和发展，从而客观地把握和依照产品设计的原则、程序步骤，一步一步地具体实施产品设计，这是设计师在思考和解决产品设计中所遇到的问题时可以应用的重要的思维方式。设计的主要步骤大概可分为构想—草图—分析—定稿，将"构想＋草图"定为"感性思维"下的产物，"分析＋定稿"定为"理性思维"下的产物。

（四）发散思维与收敛思维

发散思维又称为求异思维或辐射思维，是指从某一对象出发，思路向四面八方发散，探索多种解决设计问题方案的思考方式。发散思维可以突破思维定式和功能固着的局限，重新组合已有的知识经验，找出许多新的、可能的问题解决方案。设计构思过程中的"发散"如同渔翁撒网，网撒得越宽，可能网到的鱼就越多。

美国心理学家吉尔福特对发散思维的特征进行了细化——流畅性、变通性和独特性，并指出这三个特征各有差异。

流畅性：分析问题时，逻辑清楚，能够迅速适应吸收新思想并顺畅表达出自己的看法，提出多元的解决办法。思维的流畅性越强，在有限的时间里得出的方案数量就越多。

变通性：解决问题时，突破头脑中某种僵化的思维框架，从新的方向灵活地看待问题。思维的变通性越强，在有限的时间里得出不同角度的结论就越多。

独特性：看待问题时，通过自己思考提出异于他人的解决方案或思路。思维的独特性越强，在有限的时间里得到不同寻常的结论就越多。

值得注意的是，三者并不是简单的并列关系，而是在外部表现出一定的层次性，在内部有着逻辑上的密切联系：流畅性是最低的标准，变通性是必然的结果，独特性则是最高的目标；发展变通性和独特性要以流畅性为基础。

发散思维的概念从目前的说法来看虽是言人人殊，但本质上区别不大。总的来讲，发散思维是指一种将需要解决的问题置于中心，打破思维定式，由中心出发向四周延伸，从不同的角度和方向联想寻求问题解决方案的思维方式。

收敛思维又称为集中思维，它具有批判地选择的功能，在创新设计活动中发挥着集大成的作用。当人们通过发散思维提出种种假设和解决问题的方案、方法时，并不意味着创造活动的完成，还需从这些方案、方法中挑选出最合理、最接近客观现实的设想。也就是说，设计构思仅有发散思维而不加以收敛，仍不能得到解决问题的良好方案，没有形成创造性思维的凝聚点，最后还需要运用收敛思维，产生最佳且可行的设计方案。

发散思维和收敛思维相互联系、相辅相成，并在对立中相互转化。收敛思维是对发散思维的提炼和聚合，经过提炼和聚合后，可以再次发散和辐射。

第二节 创新思维分类

一、列举创新

（一）列举创新的内涵

——列举行为、想法或事物各个方面的内容并进行创新，就是列举创新。列举者可以分解对象，将其拆分成单个要素，这些单个的要素可以是事物的组成元素，也可以是事物的特性，还可以是该要素所包含的各种形态。列举者可根据拆分后的要素，产生全新的方案。

（二）列举创新的方法

常用的列举创新方法包括希望点列举法、缺点列举法。

1. 希望点列举法

人们始终在追求完美，在使用产品的过程中，用户常常会对产品抱有自己的期望。在人永远不满足的生理和心理的背后，隐藏的是事物不断涌现的新矛盾。希望点列举法不是改良，它不受原有产品的束缚，而是从社会和个人愿望出发，主动、积极地将对产品的希望转化为明确的创新型设计。

许多产品都是根据人们的"希望"设计出来的。在用户、设计师以及社会的希望下，设计师需要发挥主观能动性进行创新设计。例如，人们希望能够有一个放置湿淋淋雨伞的器物，于是，伞架被设计出来了。

2. 缺点列举法

缺点列举法是指通过发现和挖掘事物的缺点并——列举出来，然后找出其主要的缺点，并针对这些缺点寻求解决方法或者改进方案来完成创造发明的方法。任何事物都不是十全十美的，因此，缺点列举法是产品创新的主要方法。

通过对事物进行全面系统的分析，发掘现有事物的缺陷和不足，列举所存在的缺点，可以找出改良和取代的方法，使事物更加完美。例如，在针织生产中，原有的短筒袜因太短，不能满足人们更保暖的需求，从而发明出长筒袜，又由于长筒袜存在易下滑堆叠的问题，最后发明出连裤袜。

二、模仿创新

（一）模仿创新的内涵

模仿创新是指通过消化引进技术，在短时间内掌握并熟练应用国外先进技术，以低成本的方式快速增加知识资本的存量。在模仿创新的基础上，企业可以进一步改进产品的性能、提高产品的质量，从而提升企业的竞争能力。

相较于其他创新思维，模仿创新更加普遍地被选择。企业通过模仿创新的方式，最大限度地吸收前人的经验和成果，跟随前人少走弯路。选择模仿创新的企业不会率先探索新技术，开辟新市场，但是模仿创新仍然会投入一定的研究开发费用来进行研发活动，这种研发活动具有较强的针对性，主要针对产品功能与生产工艺的发展和改进。

运用模仿创新思维拥有诸多优点。模仿创新能够使企业降低开发成本，因为全新的技术需要大量的资金投入，但是进行创新活动存在很大的不确定性，模仿创新规避了这一风险，并且能够向已经成功的企业进行学习，或者选择最成功的技术成果加以引进，这种方式虽然被动，但是在帮助企业降低创新成本、提高企业创新成功转化效率方面有可取之处。

模仿创新也存在着弊端。首先，模仿创新使得企业的产品晚一步面向市场，可能导致模仿者无法占据市场有利地位。其次，随着知识产权保护意识的强化，模仿者会越来越难以仿制出关键技术。同时，在商场上买到具有较强竞争力的专利技术变得困难，这些因素使得模仿者处于市场中的不利地位。

（二）模仿创新的方法

1. 反求模仿创新法

反求模仿创新是模仿创新的一个重要手段，是对先进技术进行消化吸收的一系列工作方法和技术的综合过程。

反求模仿创新法是以先进的、流行的专业产品实物或程序、影像、图纸等为研究对象，利用专业理论、检测技术、生产工艺学、材料学等知识对其进行系统的研究和分析，以此获得模型产品的配方、生产工艺及技术参数、外形特征及内部结构、功能特征等要素，通过对以上要素进行理解并创新以生产出与原始产品相仿且更优的新型产品，是一种对原有技术进行再次重现和吸收并创新的过程，又叫反求工程。

反求模仿创新法的本质是"化整为零"，攻克关键环节以获得新技术、新方法、新产品。与正向设计相比，其优势在于可大大缩短研发时间，提高综合效益。反求模仿创新法不是简单地对现有成品进行仿制，而是作为先进的设计方法被引入新产品的开发和设计流程。

2. 补偿模仿创新法

我们经常碰到这样的事情，当某件事物的缺点和另一事物相结合时，缺点有可能变为优势。有时叠加两个事物的缺点，也可能使一个很有特点的事物产生。例如，科学家丹尼斯·盖博（Dennis Garbo）就是利用补偿模仿创新法发明了全息成像。

三、联想创新

（一）联想创新的内涵

联想，从心理学的角度看就是暂时神经联系的复活。它是事物之间联系和关系的反映。即在现实中有着联系的对象或现象，也在人的记忆中联系起来。当我们遇到其中一个对象时，我们就会根据联想回想起同它联系着的另一个对象。识记某个对象，就意味着把被识记的对象同已知的对象联系起来，形成联想。人们在受现实世界事物的影响的同时，会触发并激活与之相关的已有记忆，从而与现实世界事物联系起来，经过编码后通过语言符号表达出来。英国联想主义心理学家托马斯·布朗（Thomas Browne）提出过三条关于联想的副律，即显因律、频因律、近因律，在客观事物刺激的强度、次数、时间的邻近、空间的远近等因素的影响下而激发联想。

联想创新思维是指在思维过程中，根据研究的某事物联想到另一事物的现象和变化，探寻其中相关或类似的规律，借以解决问题的思维方法。也就是借助已有的知识，将所观察到的某种现象与自己所要研究的对象加以联想思考，使两个看上去不相关联的事物建立联系，从而产生创新设想和成果。

（二）联想创新的方法

1. 类比联想创新法

类比联想创新法是运用类比联想的思维方式，开发性地重新组合既有设计，又根据实际情况和具体需要加以调整、改造、完善，构成一种崭新的创造性设计的思维方法。它是借助两个事物之间构成的具体对象的某种同构关系，直接从一个对象的已知属性推导出另一个对象的对应的未知属性。

类比联想创新法包括直接类比法、拟人类比法、因果类比法、象征类比法、对称类比法。

2. 对比联想创新法

对比联想是指对特点或性质相反的两事物进行的联想，即由事物的某一方面想到了与之相反的另一方面，如由火热联想到清凉，由热闹联想到冷清，这些都是由相互间的对比关系建立的联想，再如教学中较为常用的对一组反义词的学习也是对比联想的使用。对比联想既反映事物的共性，又揭示与之相对立的事物的个性，可以让人们在对立中寻找统一，迅速认识到事物的对立面，从而深化理解。产生对比联想的关键在于努力向"相反方向"思考。例如，德国细菌学家罗伯特·科赫（Robert Koch）由闪电出现在阴云密布的天空中联想到可以将透明无色的细菌放在深色的染料中观察，他所运用的就是对比联想创新法。

第三节　以用户为中心的核心原则

一、以用户为中心的设计的定义

以用户为中心的设计（User Centered Design，UCD）是指将使用人群作为设计活动的中心，优先满足其目标用户的人群特征、生理和心理需求及期望的设计模式。这个术语是在 20 世纪 80 年代由美国工业设计家唐纳德·诺曼（Donald A.Norman）创造的，他提出了设计人员可以遵循的指导方针，以便他们的界面实现良好的可用性结果。设计师通过分析用户的使用过程、目标活动、使用环境等变量进行规划设计，以满足用户的认知背景和操作，以满足用户的需求。

在 ISO 9241—210 标准中，ISO 将"以用户为中心的设计"的定义扩展为"解决对许多利益相关者的影响，而不仅仅是那些通常被视为用户的人"，将设计方法称为以人为本的设计（Human-centered design，HCD），该方法强调设计人员与相关利益者参与设计与迭代验证的整个过程。为了最大限度地利用目标群体的专业知识，在设计过程实际开始之前就让最终用户参与进来。将最终用户作为主动而非被动的测试对象，在设计过程中被认为是最佳实践，并可以及早参与以帮助定义需要解决的问题、指定设计要求。

在进行设计思考时，设计师总是不自觉地扮演着用户的角色，但是在没有实际观察的情况下，经常会出现错误的判断，因为用户的心智模式会随着时间的推移而改变。这是设计师通常难以发现和感知到的。还有学者提出了一种"集体意识"方法，让所有参与者协同工作以降低潜在的沟通失败的风险。总的来说，以用户为中心的设计思维应强调将"人"作为设计思想考量的核心进行应用。

二、以用户为中心的设计方法论

（一）以用户为中心的设计方法

在用户体验被反复提及的设计思潮下，以用户为中心的设计方法日益兴起。在这一理念中，用户承担着中心的角色，直接导向了设计的结果。这也是以用户为中心的设计的基本要求。在传统的以用户为中心的设计中，设计师和用户之间还存在着第三个角色，即研究者，研究者的作用是了解用户，并将其转化为设计师可以理解和使用的原理和解决方案，并提供给设计师。设计师通过解析产品内在的方法，寻求相应的解决方案以确保设计出的产品能满足用户的需求。当设计师系统地学习了如何提高产品的可用性时，还需要提升产品的视觉交互。这便是传统的以用户为中心的设计过程。

在传统的以用户为中心的设计中，研究人员和设计师是两个相互依赖的不同角色，用户虽然不是设计团队的一部分，但却是研究的中心。研究人员是用户的代言人，设计师则是理解用户需求后提供解决方式的人。传统的以用户为中心的设计已经相对完善，可以运用在产品创意的提出阶段、设想阶段或方案评估阶段。用户的全程参与可以保证设计方案的有效性，同时加深技术与使用心理、组织、社会和人因工程学因素的契合度，使得设计达到预期的效果。同时有助于设计师更好地了解用户的真实需求，预测未来的需求。

产品设计是一种综合考虑各种因素的设计，深入收集和研究用户人群的需求则是达成其目标的前提和基础。设计师需要探析用户的真实需求，并解析背后的深刻内涵，产出满足用户生理和心理功能的设计方案。随着我国工业设计教育的发展，当代的产品设计已经不局限于传统的产品形态设计，而是转变为系统的产品设计，不仅注重产品的美观度，还更加注重功能、交互方式，结合用户特定的需求进行综合设计。

现代的产品设计已经开始强调以用户为中心的设计，运用感性工学、质量功能展开（QFD）和 TRIZ 等调研用户的满意度。因此，通过一个具体的设计方案来回应用户内心的真实需求，就成为以用户为中心的设计的一个初步方案。但在科技和设计趋向于合作的今天，设计师的观念已发生了转变。越来越多的设计师从传统的通过研究人员一方获取信息转变为亲身参与调研用户需求。这也是当今所讨论的后期设计，要求设计师转变设计思维、传统感知和以往的工作方式。后期设计不仅限于单一的方式或方法，最重要的是强调设计师关心用户的出发点和方式。同时，以用户为中心的设计理念在强调绿色、环保、节能的同时，也强调实用性、功能性和审美性的有机结合。

（二）以用户为中心的设计评估

以用户为中心的设计思想最为明显的特征是其以用户需求为起点，以用户满意度为目标并不断循环改进的设计过程。用户满意度的度量，可以很好地规避设计师自我观点评价设计的缺陷，以更加科学、更加合理的多用户评价方式进行设计验证，可以较为有效地优化产品或服务的体验感。

最常用的用户满意度的度量方式就是问卷调查法和用户回访。问卷调查法以李克特量表的形式针对产品或者服务的各个功能体验及整体体验进行打分，通过问卷评价分数统计直观地发现存在的不足，但是这种测量方式也存在着一些人为因素的影响，可能受问卷调查群体选取数量或者选取类型的不同而产生一定的差异性；用户回访是选取一部分体验用户进行深入访谈，了解他们在体验产品或者设计过程中遇到的问题以及他们期望的解决方法，作为与产品和服务交互密切的用户，很多时候会提出很多具有建设性的改进意见。除了用户满意度度量之外，还可以通过用户操作过程的数据检测和分析发现设计中存在的问题，常用的用户操作度量数据有操作效率、操作成功率或错误率、生理数据（肌电数据、脑电数据、眼动数据）等，这种基于生理指标数据的评价方式具备更强的客观性和精准性，设计师可以根据设计数据精确定位到问题产生的点，并快速地提出解决方案。这种研究方法的不足之处在于需要设计师从客观的数据中挖掘出体验存在的问题，对设计师的需求敏锐性要求更高。用户评价方式和标准多种多样，常常需要根据设计的具体需求进行合理的组合和搭配，力求评价结果的有效性。

（三）以用户为中心的设计视角

1. 聚焦用户视角

设计师在设计一件作品时面临着如何选择产品、采用什么级别的产品定位以及如何优化用户体验的选择等问题。为了减少不确定性、确保用户的感受能够为设计师的选择提供参考，众多学者提出了许多帮助设计师更好地理解和考虑用户观点的方式，包括但不仅限于让用户积极地参与研究或设计过程的方法。在以用户为中心的设计中，为了更好地符合用户需求，设计和设计概念是设计师与用户一同开发得出的。产品采用的模型亦是根据用户的特征和喜好对产品的数据进行量化。用户视角是指通过用户与产品本身在日常生活中的交互方式来评价产品。聚焦用户视角的三种方式分别是用户主动参与、没有直接用户参与和用户被动参与。这三种方式是相辅相成的，并且在设计的不同阶段中都被需要。

理想的情况下，应从项目伊始就聚焦用户视角，这能使得用户在多学科环境中做出许多积极且富有创造性的贡献，它不同于仅仅邀请用户来评估设计成品的方式。聚焦用户视角的设计方法对产品的效果和用户后期使用满意度都有着正向的影响，旨在帮助研究人员、设计师和用户进行联合设计。传统的聚焦用户视角的手段是通过焦点访谈或小组访谈的方式记录用户说过的话来捕捉人们的行为和需求。为了促进这一创新过程，研究人员和设计师通常让用户自由地讨论他们的经历、需求和偏好，并据此预见未来的需求和创造属于未来的产品。

聚焦用户视角的实质是改进产品的使用方式，使人体能够在自然状态下舒服地使用产品，可以避免设计出不适用于工作和生活的产品。目前的设计方法主要是从用户的角度出发，研究对象通常包括不同年龄段、性别、生理、心理状态的人，收集的用户数据最终可能会给不同领域的设计提供一定的参考。

2. 用户视角与产品竞争力

因为用户的需求是随着资源和能源，或是情绪、气候、社会的变化而变化的，因此以用户为中心的设计可以更好地将用户需求与产品进行良好的结合。RS 评估系统是以用户为中心的设计的典型代表之一，亚马逊运用 RS 系统向用户推荐购买什么产品、Last. fm 向用户推荐歌曲、猫途鹰（Trip Advisor）向用户推荐可能喜好的酒店。与 RS 评估系统不同，CF 评估系统更专注于寻找潜在的因素，通过将志趣相投的用户归组关联，然后向目标用户推荐"邻居"所喜爱的项目。

以用户为中心的设计的发展与运用十分灵活多变，关于用户审美偏好，系统研究所得的数据在应用层面可以更多地考虑与个人喜好密切相关的领域，如产品、旅游、购物等。研究表明，人机工程学中良好的语义能够触发用户"幸福"的情感。对优良设计奖（Good Design Award）获奖产品的研究表明，良好的产品语义拥有共同的属性，即可以传达、激发用户情绪。在产品语义的具体化研究上，有学者将产品语义量化为不同的材料、形状、结构所引起用户的情感变化，还有学者提出了时尚、复杂性和情感是产品语义表达的三个维度，其中时尚显示出的影响力最大，其次是复杂性和情感。

三、以用户为中心的设计的思维路径

以用户为中心的思维路径包括以下几个方面。

（一）甄别用户

以用户为中心的设计的第一步是"懂用户"。即首先要清楚用户在哪里，明白谁才是真正的用户。学会甄别用户（提出硬性条件，对用户进行分级定位），了解用户的背景资料、喜好特征、工作和生活方式以及消费水平等相关数据信息。

（二）挖痛点

以用户为中心的设计的第二步是"挖痛点"。做好一个产品，要从用户需求、痛点分析入手。一个优秀的设计师，除了要有好的设计思路，还要了解用户的需求和痛点，最重要的是发现用户在使用产品时的体验问题，提出有效的解决办法，有针对性地对产品进行创新设计。

（三）讲故事

以用户为中心的设计的第三步是"讲故事"。一个好的产品一定有一个好的创意故事，好产品不仅能满足消费者物质上的需求，还能满足消费者精神情感上的需求。我们既能通过产品了解产品背后的故事，又能通过故事来映射产品。往往一个故事可以使人与产品之间达到一种情感共鸣，从而使用户产生购买的欲望。

（四）爆产品

以用户为中心的设计的第四步是"爆产品"。一款全新的产品很多时候是依靠科技的创新来驱动和引爆的，往往一项科技的进步能够带来巨大的产品市场。

设计师应时常关注科学技术领域的资讯,借助新的科学技术研发设计一款新产品,快速占领市场,从而取得最大的产品价值和社会价值。

（五）轻制造

在进行了一系列的科技引爆后,就到了以用户为中心的设计的第五步——"轻制造"。设计要考虑产品的使用材料和表面处理工艺,应首选成熟的加工制造工艺,以减少和缩短设计研发成本和设计周期,提高效率,从而实现产品快速上市的计划。

第四节 以创新为驱动的核心价值

一、创新思维路径

创新思维是指以新颖、独创的方法解决问题的思维过程,通过这种思维能突破常规思维的界限,以超常规甚至反常规的方法、视角去思考问题,提出与众不同的解决方案,从而产生新颖的、独到的、有价值意义的思维成果。

设计的核心思想——创新思维路径图如图3-1所示。即在以用户为核心的原则的基础上提升创新思维,一般来讲,可以参考前面讲到的以用户为中心的设计,在此基础上思考如何进行创新。

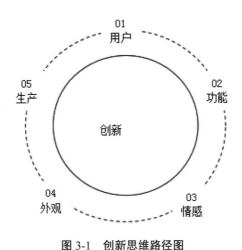

图 3-1 创新思维路径图

二、产品创新分析

（一）产品创新内涵

在众多产品创新的定义和理解中，具有代表性的是美国经济学家埃德温·曼斯费尔德（Edwin Mansfield）的观点。他认为，产品创新是发明的后续阶段，是一个面向市场的探索性的商业化活动，是发明的商业化应用。[①] 产品创新是产品的构思、研发制造、生产、销售、售后反馈、完善产品等一系列的完整过程。产品创新的线性模型与新产品开发很接近。产品创新或新产品开发的核心环节是新产品的研制。新产品研制是构思和概念形成之后的一个过程，后面接着是新产品的市场测试。它的主要内容包括采用什么样的材料、可能的设计方案有哪些、使用哪种生产工艺和方法等，最终得到的是产品的原型。

综上所述，产品创新是指由企业进行组织、投入、实施的新产品构思、设计、制造、销售和提供服务的一个完整过程。这个过程的目的是对产品的功能进行改善、升级，或者设计、制造出全新的产品。对于市场（消费者）来说，只要企业提供新产品，就被认为从事了产品创新活动。从广义上说，产品创新是企业组织、投入、实施的，面向市场（消费者）提供新产品的过程。从狭义上说，产品创新就是发明新产品，或者对现有产品组成中的技术特征、结构、外观、性能、品质、包装及服务等一个或多个方面进行革新和提高。

（二）产品创新分类

根据创新性的大小，产品创新可以分为以下三类。

1. 根本性创新

根本性创新是指通过引入和使用新的技术、新的原理，实现产品的创新。这种创新会创造出一个或一类新的产品和新的市场，要求消费者去重新学习认识创新产品，彻底地改进原有的消费模式。根本性创新会引起技术和市场层面的不连续性创新，也必然会引起一个企业或顾客层面的不连续性创新。根本性创新不是为了满足已知的需求，而是创造一种还未被消费者所认知的需求，如汽车、计算机、互联网就是典型的根本性创新。

2. 渐进性创新

渐进性创新是指通过对现有产品进行连续的、渐进的、不断的小创新或利用

---

① 曼斯费尔德.微观经济学 [M].北京：中国人民大学出版社，2003.

快速更新迭代改善的方式实现产品创新，是一种在已知目的、明确需求下的改进型创新。在渐进性创新模式下，产品具有很好的延续性和连续性，不会对消费模式产生大的影响，不会中断技术和产业的发展，也不会引起企业和顾客层面的不连续性影响。在整个产品的生命周期中，特别是新产品开发的任何阶段都可以发生渐进性创新，类似于事物改善的循环发展演变，可以说渐进性创新无处不在。这种创新模式快速、高效、风险小，目前同类产品的更新换代均是这种创新。

3. 适度创新

适度创新介于根本性创新和渐进性创新之间，关于适度创新模式下开发出来的产品，市场和消费者对它并不陌生，它只是现存产品线上的新产品。一个适度创新的产品可能会带来市场或技术的中断，但是不会带来两者的同时中断。我们判断一个创新是不是适度创新的标准是，市场或技术在宏观层面因为它引起了其中一个的中断，且这个中断是轻微程度的。例如，基于新技术扩张原有的产品线（基于电池技术的汽车）、基于已有技术扩张新的产品线（基于微波技术的电饭煲）均是适度创新。

（三）产品创新过程

目前国内外学术界对产品创新的界定主要包括以下两种：第一种是根据结果来划分，即产品创新是指最近几年来的创新产品数量。这是一种可直接看到的变量，用创新产品的数量来判断。第二种则是按照属性定义，即产品创新是指新产品开发的创新与独特程度，这也是一种潜变量，并以量表评分的形式进行测量。

一般来讲，可以将产品创新分为三个阶段：模糊前端阶段、产品开发阶段和商业化阶段。模糊前端阶段是指在新技术开发活动中，在产品概念与生产规划确立之前的发展阶段，又叫作"预开发阶段"。在模糊前端阶段，知识共享可以让企业的产品更具异质性。有研究表明，企业产品创新表现在模糊前端的发展阶段，即产品在预研发阶段时就已经基本确认。这也说明了模糊前端阶段对产品创新的重视程度。而产品开发阶段是企业不断完善产品的阶段，商业化阶段则是企业将产品投入市场并获得市场反馈的阶段。

（四）产品创新策略

设计者在进行产品创新时，不仅需要了解市场和消费者的真实需求，还要深入地研究行业内已有的产品以及有可能出现的替代品、竞争对手的产品线等，采用有针对性的创新策略。

1. 差异化产品创新策略

这种策略体现在两个方面：一方面是在某特定的市场里形成与同类型产品之间的差异，即在需求大致相同的消费市场中，具有自己独有的价值主张、外观特点或产品形态，通过这种同类产品中的差异化来高效满足特定消费人群的需求。另一方面是对现有市场进行进一步细分，分解出具有特定需求的细分市场，针对这类细分市场进行有针对性的产品创新，极大程度地满足这类消费人群的需求。

2. 组合型产品创新策略

组合型产品创新是指通过对已有技术进行组合创造出新的产品，新产品具备更多或更全面的功能和价值。在这种创新策略下创造的新产品，既可以满足现有市场的需求，又能以全新的市场作为目标市场，创造新的需求。例如，智能手机组合了通话、音乐、拍照等功能。

3. 技术型产品创新策略

技术型产品创新是指通过应用新的技术、新的原理来解决目前产品或相对成熟的市场中存在的问题和不足，进而更好地满足消费需求，提高市场占有率。在这类创新策略下创造的产品，主要聚焦在技术原理本身的创新上，并把新的技术原理有效嵌合在产品中，明显改善现有产品的不足，并能够有效地控制成本，保障产品质量。

4. 复合型产品创新策略

该策略需要在技术和市场两方面同时创新。当使用这类产品创新策略时，研发人员和顾客对新技术和新产品都不熟，存在较大的研发风险，相对周期也会比较长，对此，需要研发人员与消费者紧密结合，反复进行信息传递，修正研发方向。这类产品一般属于非竞争性产品，在上市后的一段时间内具有垄断性，所以成本和价格相对较低，而功能、价值、服务、企业形象等需要特别关注。

第四章　产品创新设计与开发流程

产品创新设计与开发对企业的经营发展起着至关重要的作用，而产品创新设计与开发必须顺应时代的趋势才能取得成功。基于时代发展，深入研究产品创新设计与开发流程，能够增强企业竞争力。

第一节　设计研究

一、市场研究

（一）消费者研究

主要是对消费者的购买力进行调查。其中包括对消费者按收入水平、职业类型、居住地区等标准进行分类，然后测算每类消费者购买力的投向，即对吃、穿、用、住、行商品的需求结构。

（二）技术因素研究

产品设计作为科学技术商品化的载体，产品技术的进步对设计观念的变革和发展起着至关重要的推动作用。因此，设计师必须及时了解和掌握国内外科技发展的前沿动向，不断改进和开发新产品。

（三）环境因素研究

产品的开发设计是在复杂的环境中进行的，受到企业自身条件和外部条件的制约。市场环境的变化，既可以给企业带来市场机会，也可以形成某种威胁。所以，对市场环境的研究是企业有效开展产品创新设计与开发活动的基本前提。

二、现有产品研究

现有产品研究的根本目的在于，通过对市场中同类产品的相应信息的收集和研究，为即将开始的设计研发活动确定一个基准，并将这个基准作为指导产品研发的重要依据。

三、用户研究

用户研究是产品设计研究的核心部分。用户研究的最终目的是了解用户的需求，找出现有产品的不足，并根据这些需求在设计中对产品进行改进与创新。用户研究一般按照建立用户模型、调查、回收资料、研究和分析资料的顺序来进行。具体的调查手段包括用户观察、用户访谈和问卷调查等。

四、人机工程学研究

人机工程学是研究人与其所使用的产品和系统以及工作与生活环境交互作用的学科，在人机工程方面投入多的产品的品质会更高，因为它们带给用户的使用体验良好。

人机工程学目前在国内是一门专业性较强且极具发展前景的学科，源自欧洲，在美国发展形成。关于人机工程学的具体定义，目前在国内的相关资料中还没有统一的标准。当前国内学术领域最为认可的人机工程学定义就是 2000 年 8 月国际人类工效学协会（International Ergonomics Association，IEA）发布的定义：人机工程学是研究系统中人与其他部分交互关系的学科，运用其理论、数据和方法进行设计，应达致系统工效优化及人的健康、舒适之目的。由此可以看出，人机工程学是一门科学、系统、严谨的学科，任何与人体有关的工业产品的出现都离不开人机工程学。同时，人机工程学着眼于由人、机、环境三者组成的系统，而不是单一要素，能做到人、机器、环境的协调统一，让机器高效运转，让使用者舒适工作，让工作环境安全健康才是人机工程研究的最终目标。

目前，人机工程学的主要研究方向包括两个方面——理论研究和实践应用研究，如今国内的实践应用研究较为广泛。人机工程学包含三大要素，即人、机和环境，它们三者之间交叉相融、相互影响。虽然人机工程学在各国不同的背景下的发展有所差异，但从根本上而言，其研究目的都是让人、机、环境系统和谐稳定，让人的要素、机器的要素、环境的要素三者高效运转，发挥最大的价值。

人机工程学的研究广泛采用了人体科学和生物科学等相关学科的研究方法及

手段，也采用了系统工程、控制理论、统计学等其他学科的一些研究方法，并且建立了一些独特的研究方法，主要有：①实测法，测量人体各部分静态和动态数据；②调查法，调查、询问或直接观察人在作业时的行为和反应特征；③对时间和动作的分析研究方法；④实验法，测量人在作业前后以及作业过程中的心理状态和各种生理指标的动态变化；⑤观察法，观察和分析作业过程和工艺流程中存在的问题；⑥模拟和模拟实验法，进行模型实验或用电子计算机进行模拟实验；⑦计算机数值仿真法，运用数学和统计学的方法找出各变量之间的相互关系，以便从中得出正确的结论或发展成有关理论；⑧分析法，分析法是通过上述各种方法获得一定的资料和数据后采用的一种研究方法。

根据人机工程学定义与研究内容总结出的人机工程学设计原则如下。

一是实用性原则。实用性是指对象原本的物质功能，也是产品得以存在的最大原因。

二是舒适性原则。产品的舒适性与产品使用效率之间有着密不可分的关系，提高产品的舒适性也能从一定程度上提升人们对产品的使用效率，更加高效快捷地完成工作任务，因而产品的舒适性也是人机工程学中最重要的目的之一。在进行产品设计时，应根据使用者的生理结构尺寸进行设计，从而使人体在保证安全的前提下作业效率最大化。

三是安全性原则。产品的安全性直接关系着使用者的身体健康，是最重要的设计原则之一。在设计产品时应首先保证人体的安全，不能让产品引起使用者的过度疲劳，不应该让使用者采取不恰当或不寻常的工作姿态进行作业。同时，还要注意，产品的活动范围不应超过人体关节所能达到的活动范围，否则将会造成使用者产生疲劳、受伤甚至不可估计的损失。

四是区域性原则。由于世界各国和地区人群的体型有很大的差异，因此在设计时应选择适宜的人体百分比，以适应不同地域的目标人群。

五是通用性原则。贯穿整个人机工程学的核心思想就是"以人为本"，如今在大批量生产时代，产品设计应在尺寸、造型方面尽可能多地满足所有使用者的需要，这也体现了产品的公平使用，做到通用设计，因此要确定好产品类型，对焦使用者本身，充分考虑年龄、性别、健康状况等因素，让使用者拥有良好的使用感受。

依据人机工程学理论进行设计时，可以使产品更加合理、可靠。其中，产品的造型设计会直接受到人机工程学因素的影响，主要体现在两个方面：一是尺寸设计；二是外观设计。产品尺寸设计与人体生理尺寸密不可分，大部分产品尺寸都要受到人体结构尺寸的直接影响。而产品的外观设计则与人体心理因素有着重要联系，因为人们对产品的认知主要源于自身经验进而产生的联想，所以工业产品的造型设计与人体生理尺寸和心理因素都具有紧密的联系。

从人机工程学理论出发，要想设计出更加符合功能需求、审美需求的产品，让人感受到良好的使用体验和美的享受，就要对工业产品的设计要素进行深入的分析和探讨。目前，研究表明，影响工业产品的设计要素主要包括人、技术、市场环境和审美形态。

一是人的要素。人的要素包含人的心理要素和生理要素，它是新产品诞生的重要原因之一。人的心理需求、行为习惯、价值观念等都属于心理要素，人的生理需求、体貌特征、身体结构、生理尺寸等都属于生理要素。这些与人有关的要素是产品设计中重要的考量标准，可以说，产品就是为人而设计的，因此，要想以人为出发点，满足人类的使用需求，那么对人的研究已成为产品设计的必要条件。

二是技术要素。技术要素包括产品的内外部结构、功能实现技术、生产加工工艺、材料与表面处理等技术手段，它是产品生产的重要实现方式。如今，飞速发展的科学技术为新产品的诞生提供了内在动力，而新产品的出现也为高科技提供了具体的表现方式，因此，产品设计与技术的联系越来越密切。

三是市场环境要素。市场环境要素分为狭义的人—机—环境要素和广义的与产品设计有关的所有外部环境，如产品市场环境、经济环境、人文环境、生产生活环境等。产品设计最终能否获得使用者的认可不仅取决于设计师的能力，还受到这些环境因素的影响与制约。在这些环境因素的共同作用下，产品设计才能更加贴近人们的生活，符合时代的潮流。

四是审美形态要素。审美形态要素就像人的样貌、穿着、气质，是产品给人最直接的视觉感受。它包括设计美学、产品语义学、色彩学、仿生设计学等众多学科。产品的审美形态要素的确定与其他三个要素密不可分，受到人的心理、喜好、经验等人的要素以及经济、环境、文化等市场环境要素和机械结构、计算机技术、加工工艺等技术要素的影响非常大，所以在进行产品设计时要充分考虑其他三个要素条件。

基于人机工程学进行产品设计时，在设计实践阶段也应该充分考虑到人、技术、市场环境和审美形态四大要素，对产品进行全面深入的设计实践。

第二节　概念开发

要想让产品设计能全面、深入地进行，不仅要广泛地收集资料，做好前期设计研究工作，更重要的是，在进入概念设计时，要充分拓宽思路，从不同角度、不同层次、不同方位提出各种构思方案。

概念开发通常是在发现了某一个有价值的创意点之后，通过各种各样反映思维过程的草图和模型而具体化和明朗化的过程。多个概念在这一过程中逐步建立起关联，相互启发、相互综合，从而使设计的概念借助图形化的表达成为几类轮廓分明的创意方案，实现从思维、理念到形象的过渡，并不断从图纸上得到反思、深入和飞跃。

一、概念草图

概念草图是一组足以向知情的观察者提出设计建议的视觉线索。概念草图能够帮助设计师在开发创意和设计解决方案时将头脑中的概念通过设计工具、以可视化的方式呈现在媒介（纸张或电子设备等）上，以防难以评估或丢弃设计备选方案。它是创新探索过程中进行图形思维的重要媒介和载体，是对人类有限的意念再现能力的一种延伸，对于创新设计具有非常重要的价值。

概念草图的特征是由其在产品创新设计过程中的位置决定的。在产品开发的概念设计阶段，设计结果通常是由一系列与目标产品相关的形态、使用过程和技术等粗略描述的设计概念来表示的。该阶段产品形态的设计是一个创造性思维过程，既要考虑产品的功能性，又要满足用户对可用易用的使用需求和审美方面的情感需求。而概念草图作为这个过程中能够将内在的概念外显化的有效手段，是产生产品设计灵感的一个关键活动，也是设计活动中将内在思维转化为可视形象的重要步骤。总结来说，草图的基本特性主要表现在不确定性、不精确性、随意性、模糊性以及抽象性等方面。

草图设计已经是设计过程中必不可少的一种手段。概念草图的本质特性也决定了其在产品的早期设计阶段主要具备以下三个方面的功能。

第一,作为分析工具,为产品创意、设计思维的延展提供辅助工具和存储手段。

第二，作为记录工具，是产品创意表达的手段，为构建产品模型和后续工作提供基础。

第三，作为沟通工具，用于设计者进行自我沟通或与设计团队合作中的其他小组成员或利益相关者在设计解决方案时的交流、协作。

在产品设计过程中，单个的概念草图可以在不同的时刻侧重于不同的功能。设计者在设计问题的前期构思过程中产生的部分草图主要是用来记录创意概念的，而并不能符合有效沟通的要求，但是这时的草图作为设计问题的分析工具对于设计者个人的思维发散等具有一定的帮助作用。

二、概念模型

制作产品概念模型（草模）的目的有两个：一是通过最直观的方式验证产品的形态、尺寸、体量、各组件之间的比例以及在手感上是否符合设计师的预想；二是通过草模进行产品的人机匹配结构尺寸和连接方法的验证。

从产品开发概念提案一直到最后产品定案，设计师都会不断地制作大量的外观模型，目的是最直观地获得产品改进信息而进行下一步的设计。

概念模型一般使用纸板、石膏、聚氨酯泡沫、黏土等材料来制作，这类材料易于成型，成型速度快，并且制作比较简单，根据设想方案的大体尺寸和形态进行切削、打磨，由几个部件组成的产品只需在单个部件制作完成后粘连在一起即可。

第三节　设计开发

在产品的设计开发阶段，一定要加强对其质量的管理以及对信息技术的应用，提高产品的质量，尽可能降低产品成本，提高产品竞争力。综合来讲，产品的设计开发过程主要包括以下两个阶段。

一、数据模型阶段

随着现代科技的不断发展，计算机技术在各个领域的技术水平也在不断发展提高，而设计人员也在设计过程中开始使用计算机辅助其进行设计工作，这种技术称为计算机辅助设计（CAD）技术。CAD技术不仅可以作为代替手工绘图的高效制图工具，而且可以帮助设计人员提前了解设计内容，大幅提高了生产者的效率，深刻地影响了社会发展。而现代CAD技术的发展在经历了曲面造型、实体造型、参数化和变量化等技术发展后逐渐成熟，依靠其参数化精确设计、尺寸约束、高效的图像修改等技术特点，实现了从简单二维绘图到三维建模的参数化造型以及变量化造型的转变，并且无须操作者懂得编程，即可自动制图。

CAD 技术在产品设计流程的每一个环节都有很大的作用。在设计前期的概念开发阶段可以辅助完成各类概念方案的表现，在设计中期可以辅助推进结构和外观的组装配合模型设计，在后期可以利用动态模型演示功能实现模式和产品结构工作原理。

在本阶段，CAD 技术会借助三维建模软件，如 Solidworks、Creo、UG 等建立数码三维文件，不仅可以把它们用于结构设计，还可以用来进行功能演示以及与计算机辅助制造系统的数据衔接，直接用于模具的制造。

绘制出最终产品的数据模型，设计师就完成了他们的开发工作。数据模型可以描述产品的功能、特性、大小、颜色、表面处理和关键尺寸，虽然不是详细的零件图，但它们可以用来构造最终的设计模型和样机，可以作为与产品设计下游产业链交流的有效载体，促使整个开发流程的集成。

二、实物模型阶段

产品实物模型（样机模型）是指在没有开模具、产品推上市场之前帮助设计团队根据产品外观或结构做出的一个或几个用来评估和修正产品的样板。它包含了反映该产品外观、色彩、尺寸、结构、使用环境、操作状态、工作原理等特征的全部数据。实物模型在新产品开发过程中起着极为重要的作用，它能以最终形式向客户展示其设计，为客户提供最终的设计验证测试，及时纠正错误，最大限度地减少模具制造及投产时因配合失调、反复变更带来的不必要的损失，大大减少实验工作量，有助于了解设计过程的实质。

实物模型和概念模型不一样，其对精密度有更高的要求，一般采用数控模型的方法。数控模型的主要工作量是利用数控机床完成的，而根据所用设备的不同，可分为激光快速成型和加工中心两种不同方式。

激光快速成型技术是利用离散堆积原理将计算机、激光、材料和数控相结合的高科技技术。该技术是利用产品的 CAD 模型，通过激光扫射与计算机控制各材料的精确堆积获取最终产品原型或零件，可通过由点成面或由面成体的方法制作，是目前设计与制造行业常用的制造方法。激光快速成型技术需要先利用CAD 软件设计产品三维模型图，依据工艺需求将模型分成不同厚度的层，通过分层使三维模型转化为二维平面信息，用数控代码表示分层后的二维平面信息，利用激光扫描二维平面信息后通过平面加工方式依次加工各二维平面模型，全部加工完成后，利用各二维模型的聚合作用依次黏结，直至堆积完成最终的三维制件。

加工中心是计算机数字控制机床的简称。加工中心是一种装有程序控制系统的自动化机床。该控制系统能够富有逻辑地处理具有控制编码或其他符号指令规定的程序，并将其译码，从而使机床动作并加工零件。数控机床主要包含床体、底座、支柱、工作台等机械部分。机械加工程序中用户最经常触及的操作区块是数控机床设计关心的重点，如机身、观察窗、把手、控制面板（数控面板）、装饰带、铭牌、操作界面、底座、防护罩等部件。

形态与色彩是数控机床设计主要考虑的部分，很大程度上决定了数控机床的外观设计风格和走向。形态存在的特征引导着人们进行价值判断和情感认知，如对称性和矩形能表现空间规范，可以营造庄重、平和、优雅的氛围；圆和椭圆能展示包容，也能够给人以饱满、活力的感受；曲线蕴含着丰富的含义，平稳的曲线则软中带刚，有张有弛，又有现代设计所崇尚的简约与律动感；自由曲线更为天然、更具生命气息，所创造出的作品富有韵律和美感；抽象几何形体的表现形式简单、有力、硬朗，可快速表达产品的特征，组合后的立体形态在整体上易取得统一和协调，也更能适应现代生产的高速度、批量生产的特点；自由形态具有自由、奔放、流畅、平衡与稳定、统一与多变等特点。色彩的运用在产品的整个外观中起着很关键的作用，产品设计中的色彩往往有着更强烈的体积感受，不同的色彩会给人带来不同的意境感受。多数工业建筑物是比较密闭的工作空间，深色会给员工的心理造成负担，所以大多数工业建筑物选择采用大范围的相对较淡的色彩，能为员工带来活力和愉悦感。大型装备多采用大量重色结合小面积高纯度亮色作为装饰色，配色有效搭配增加了视觉冲击力的同时也展现了产品的科技感、稳重感、现代感。色彩在产品造型中的比例、明度、纯度等均会影响产品的视觉效果。

实物模型常用的是一些有一定强度和硬度，相对成型难度低，且表面效果较好的材料，如油泥、木材、塑料、金属等。

产品实物模型完成后，设计师还需要与模具设计师沟通，共同完成模具的设计与制作。

第四节　专利知识

专利是保护发明创造创新成果的一种形式。专利可以保护发明创造者、设计人或专利权拥有者的合法权益，有利于鼓励创新，推动社会进步。了解必要的专利知识、掌握专利检索和申请的方法，有利于产品创新设计与开发活动的顺利开展。

一、专利的概念界定

"专利"具有两类不同的指代：一类是指专利权（patent right），另一类是指专利权实体（patented entities）。前者将专利定义为政府机关或某种组织授予发明创造的所有者在一段时间、一定地域内对其发明创造享有的独占性权利。后者将专利定义为专利权所保护的具体内容，即发明创造本身。

专利统计相关的国际手册对专利的定义如表 4-1 所示。

表 4-1　不同国际手册关于专利的定义

出处	术语	定义
PSM 手册	专利	政府机关授予发明所有者自专利申请日起 20 年内，在专利授权国禁止其他人使用、制造、销售、进口其发明的权利
SNA93	专利权实体	技术创新类别中，按照法律或司法决定，被授予专利保护的发明创造
SNA08	专利权协议	获准使用研究与开发成果的法律协议，是许可证的一种形式
FM 手册	专利	专利局依法授予企业、个人或公共机构的与技术发明直接相关的一种知识产权
OM 手册	专利	一种用于保护研究与开发活动成果的手段

除《1993 年国民账户体系》（以下简称"SNA93"）中定义的专利是专利权实体外，其余手册都将专利视为专利权。其中，《专利统计手册》（以下简称

"PSM 手册")是经济合作与发展组织（OECD）为专利统计数据的应用分析提供的指导性手册。PSM 手册对专利的定义最为详细，且该定义体现了专利权的三个基本内涵：①专利权是一种所有者对其发明创造的独占性权利；②所有者对发明创造的独占性权利具有时间限制，最长不超过 20 年；③所有者对发明创造的独占性权利具有地域限制，这项权利只有在授权的国家或地区有效。

《弗拉斯卡蒂手册》（以下简称"FM 手册"）是 OECD 为指导研究与试验发展调查活动编制的操作指南，将专利定义为一种与技术创新相关的知识产权；《奥斯陆手册》（以下简称"OM 手册"）是 OECD 为指导创新活动数据的收集和使用提供的手册，将专利定义为一种保护创新成果的法律手段。尽管 FM 手册和 OM 手册对专利的定义较为笼统，但两者都将专利的概念界定为专利权。

SNA93 和《2008 年国民账户体系》（以下简称"SNA08"）是一套由联合国、OECD 等国际组织共同编制的用以指导各国国民经济核算工作的理论和方法体系。其中，SNA08 是基于 SNA93 修订的最新版本的国民经济核算理论和方法体系，而 SNA93 是基于《1953 年国民账户体系》和《1968 年国民账户体系》的修订版。在已有的 4 个版本的 SNA 中，只有 SNA93 给出了专利的具体定义，SNA08 提及了专利的概念。SNA93 中的专利涉及两个概念：一种是专利权实体，将其视为研究与开发活动的成果，包含在"无形非生产资产"中；另一种是专利权，将专利权的许可费用等类似支出作为服务购买核算。这意味着对于同一件专利，SNA93 将其拆分为专利权实体和专利权两个概念并分别进行核算。随着社会经济的迅速发展，SNA93 逐渐无法适配各个国家国民经济核算的实际需求，SNA93 的修订版本 SNA08 应时发布。SNA08 中的专利是一种关于研究与开发成果使用权的法律协议，其概念属于专利权的范畴。

由此可见，尽管专利既可以指代受专利权保护的发明创造，也可以指代保护发明创造的专利权，但根据国际普遍适用的相关专利统计手册，"专利"一词是指保护研究与开发成果的专利权。进一步来讲，基于专利的此概念又引发了这样的思考：既然专利是指专利权，那么为何专利在国际上被作为衡量技术创新绩效水平的重要指标？事实上，专利权比专利权实体更能代表技术创新水平，原因如下：①一项发明创造只能申请获得一件专利，意味着一件专利代表一项技术创新成果。尽管同一项发明创造可以在不同国家或地区申请多件专利，但都属于专利的同族数量，本质上仍然是同一件专利在不同国家或地区的法律效力。②发明创造只是思想形式上的创新点，并非真正意义上的完整技术，需要在试验阶段被成功验证后才能应用于规模化生产活动。相对而言，专利涵盖了发明创造的转化、商业化过程，更能代表真正意义上的技术创新成果。③专利的商业应用价值取决于所保护技术的创新水平、转化运用效果以及市场应用前景，表明专利的质量或价值在很大程度上体现了技术创新成果的质量。

二、专利的基本特征

专利主要有新颖性、实用性、垄断性、公开性、时间限制性、地域限制性和商业性七个特征。

（一）新颖性

专利的新颖性是指该专利不属于现有技术，也没有任何人就同样的发明在申请日前向专利局提出申请，并记载在申请日之后公布的专利申请文件或公告的专利文件中。专利的新颖性作为专利是否被授权的审查中的首要条件被大家反复探讨。专利的新颖性丧失主要有以下几种情况：首先是文献公开；其次是有一些企业在推广自己的产品时，为了提前占领市场，有意无意地公布了产品制作的一些细节，被一些善于钻营的人利用先申请了专利。

（二）实用性

所谓的实用性主要是指专利的产生可解决实际问题，可应用并使当前的状态发生改变。实用性需要相对具体的东西，在实践中可以产生实际的积极影响。我们通常所讲的专利实用性是指可以较为容易地进行生产和应用。

（三）垄断性

专利是主权国家或组织依法授予发明创造所有者的一种独占性权利。这种独占性权利的内容是专利所有者对其发明创造内容以及对应产品的制造、销售、使用都享有垄断权。任何其他单位和个人在未经过专利权人（专利所有者）许可的情况下，不能以生产经营为目的运用专利权人的发明创造内容制造、销售、使用相关产品，也不能以营利为目的直接销售、使用由其发明创造内容制造的专利产品，否则将构成专利侵权。这意味着专利具有商业垄断性，任何以营利为目的的非法使用专利的行为都构成专利侵权。但在特殊情况下，国家或组织为了公共利益可以不经专利权人同意，依法许可其他单位实施其专利。此外，专利的垄断性特征不仅体现在专利权的保护内容上，还体现在专利权上，即对于同一件发明创造在同一个主权国家或组织只能授予一项专利权。

（四）公开性

所谓公开性，是指发明创造的所有者获得专利的前提是向社会公众公开发明创造的详细内容。为了最新的技术创新成果能够广泛传播与应用并促进全社会技术水平的提高，专利行政机构通过授予发明创造所有者独占权的形式，对发明创造所有者的创新行为进行激励，同时换取发明创造具体内容的公开。

专利的垄断性和公开性两大特征，反映了专利制度对发明创造所有者个体利益和社会公共利益之间矛盾关系的调和。专利的公开性是专利法赋予专利垄断性的前提，而专利的垄断性又是对专利公开性的一种补偿。只有垄断性与公开性同时具备，才能保障专利制度的有效运行。

（五）时间限制性

专利的法律效力具有一定的时间限制。专利权人只有在专利法规定的期限内享有发明创造的垄断权。一旦超过法定期限，无论专利权人是否同意，专利都将自动失效而进入社会公共领域，任何单位和个人都能无偿使用该项发明创造的内容制造、销售相关产品。

专利的有效性具有时间限制的原因主要有两个：一是过度垄断不利于社会进步。政府授予发明创造所有者专利权的目的之一是换取新技术知识详细内容的公开，以此促进这项新技术的推广和使用。如果专利权人无限期地拥有该项技术的垄断权，将限制新技术的使用范围，有碍于社会发展速度的提高。但同时政府也需保障专利权人能够获得至少超过发明创造开发成本的经济收益，否则会有悖于专利制度激励创新的初衷。因此，对专利权人垄断权的有效性设置一个合理的时间上限至关重要。二是已有技术会逐渐被更新或淘汰。随着社会的不断进步，原有的技术会逐渐被升级或淘汰。在此情况下，如果专利权人仍然享有该项技术的垄断权，将对社会公共利益造成较大的损失。因此，为了保障社会公众利益，有必要为专利权设置一个有效区间，以此对过时或已没有实际作用的发明创造进行淘汰。目前大部分国家的专利有效期限在 10 ～ 20 年，具体因不同国家、地区及专利的类型而异。

（六）地域限制性

专利的法律效力也具有一定的地域限制。专利权人只有在授予其专利的国家享有发明创造的垄断权，未授予其专利的国家领土内任何单位和个人都可以运用其发明创造的内容制造、销售、使用相关产品或直接销售、使用专利产品，且一般不构成专利侵权。但发明创造的所有者在向某一个国家第一次提出专利申请后的一定时间内，还可以就同一件发明创造向其他国家或地区提出专利申请，各个国家根据各自的专利法对其专利申请开展审查后，对符合授权标准的发明创造授予专利。这表明尽管专利的有效性具有地域限制，但同一件发明创造的所有者可以同时向多个地域申请专利。

（七）商业性

专利具有商业属性，专利权人可以通过许可、转让、自行实施、专利质押或者凭借专利入股等多种方式获取经济收益。

专利的商业性以垄断性为前提。专利所保护的发明创造能够提高现有生产活动的效率或者提高销售产品的额外利润。专利权人由于具有发明创造的独占性权利，可以通过运用发明创造内容以比竞争者更低的成本或更高的价格销售产品，并获得超额利润。其他单位和个人若要应用专利权人的发明创造提高生产效率或者产品价格，则必须经过专利权人的许可，并向专利权人支付一定的费用，或者直接购买该项专利。专利权人也可以以入股的形式许可其他单位使用其发明创造。此外，具有潜在经济收益的专利属于一种资产，专利权人也可以将其作为债权的担保进行质押。

专利的商业性受到时间性和地域性的限制。专利权人只能在专利的有效期内且在授予其专利的国家运用发明创造获取超额利润。在专利失效后或者在未授予其专利的国家或地区，其他单位和个人都能够免费使用其发明创造，导致该项发明创造无法为专利权人带来超额利润。

三、专利的基本类型

专利的类型具有多样性，不同国家对专利类型的规定有所差异，具体如表4-2所示。

表 4-2 代表性国家专利法规定的专利类型

国家		专利类型
中国	内地(大陆)	发明专利；实用新型专利；外观设计专利
	香港	标准专利；短期专利；外观设计专利
	澳门	发明专利；实用新型专利；外观设计专利
	台湾	发明专利；实用新型专利；外观设计专利

国家	专利类型
美国	发明专利；外观设计专利；植物专利
俄罗斯	发明专利；实用新型专利；外观设计专利
加拿大	发明专利；外观设计专利
澳大利亚	标准专利；革新专利；外观设计专利
荷兰	发明专利；外观设计专利
英国	发明专利；外观设计专利
瑞典	发明专利；外观设计专利
德国	发明专利；实用新型专利；外观设计专利
法国	发明专利；实用新型专利；外观设计专利
意大利	发明专利；实用新型专利；外观设计专利
日本	发明专利；实用新型专利；外观设计专利
爱尔兰	标准专利；短期专利；外观设计专利
印度	发明专利；外观设计专利
韩国	发明专利；实用新型专利；外观设计专利

依据发明创造内容的不同，专利大致可以分为以下几种类型。

（一）发明专利

发明专利是作为产品、方法或改进的新技术存在的，其有效期为20年。产品、工具、装置等是比较普遍的发明专利形式，主要是通过发明这类物品，造福社会和人类。制造方法的发明是指创新、创造出解决某些问题的方法，可以是制造方法，也可以是工作方法或工程流程等技术提案。方法发明是制造特定产品的一种方法，它可以是制造方法或是一系列步骤完成的整个过程，除了方法发明之外，还有测量方法发明、分析方法发明和通信方法发明，这些方法在产品新途径的运用上都受到了发明专利的保护。产品专利是针对一个或多个客观创新对象的专利，其中大多数发明旨在纠正现有技术中的一些错误，并创造新产品。

中国香港、澳大利亚和爱尔兰的标准专利在保护内容、审查条件、最大保护期限方面都与发明专利类似。中国香港的短期专利和澳大利亚的革新专利从保护内容来看，也是一种保护商业周期较短的发明创造的发明专利，但其审查过程相对简单，最长保护期限也较短，一般为 8 年。但澳大利亚新的法案《2019 年知识产权法修正案》规定，自 2021 年 8 月 26 日起取消革新专利，不再对革新专利申请授权。

（二）实用新型专利

实用新型专利的保护内容为对产品的形状、构造或者其结合所提出的具有实用性的新技术方案。与发明专利相比，一方面，实用新型专利对发明创造的技术水平和创造性要求相对较低，但对实用性要求较高；另一方面，实用新型专利的保护内容必须具有可以观察的确定的空间形状，不能是无形的方法。我国实用新型专利的审查过程较为简单，没有实质性的审查程序。另外，由于知识复杂度和技术先进性水平相对较低，研发周期较短，实用新型专利的保护期限也相对较短，最长为 10 年。爱尔兰的短期专利与实用新型专利类似，审查过程较为简单，对发明创造的创造性要求不高，最长保护期限为 10 年。

（三）外观设计专利

外观设计专利的保护内容为对产品的整体或局部的形状、图案或者其结合以及色彩与形状、图案的结合所做出的富有美感并适于工业应用的新设计。与发明专利和实用新型专利不同，外观设计专利的保护内容不是技术方案，而是一种对产品外观的设计方案，并且要求设计方案富有美感的同时能够适用于工业上的应用。与实用新型专利一致的是，外观设计专利的审查程序也相对简单，不需要实质性审查，初审合格即可授权。此外，外观设计专利的最长保护期限一般为 15 年。为了更好地推动中国设计以及中国制造国际化，我国最新修订的《中华人民共和国专利法》（以下简称《专利法》）将外观设计专利的保护期限从 10 年延长至 15 年，自 2021 年 6 月 1 日起施行。与我国相比，其他国家的外观设计专利在保护内容上相似，但在最长保护期限上有所差异。澳大利亚和印度为 10 年，美国、加拿大、韩国和日本为 15 年，荷兰、瑞典、法国、英国、意大利等欧洲国家为 25 年。

除上述三种常见的专利外，个别国家的专利法还授予植物专利。目前大部分国家（地区）的专利法没有将植物包括在内，美国是少有的将植物纳入专利法保护的国家。根据美国专利法的规定，植物专利的保护内容为发明或发现以及利用无性繁殖培植出的任何独特而新颖的植物新品种，包括培植出的变形芽、变种、杂交种以及新发现的种子苗等,块茎植物或在非栽培状态下发现的野生植物除外。

植物专利的授权需要无性繁殖培植出的植物新品种符合新颖性和非显而易见性两个审查标准。美国专利法规定植物专利的最长保护期限为 20 年。

四、专利的相关概念

（一）专利检索

专利检索就是有关专利信息的查找。专利检索作为一种面向召回的检索任务，由于专利的高度商业价值以及处理专利申请或专利侵权的高昂成本，不允许丢失相关专利文档。因此，检索结果不仅是从排名靠前的结果中查找一小部分相关专利，更需要尽可能地检索所有可能的相关专利。一般来讲，丰富查询关键词的方法是提高关键词覆盖率，这通常被称为查询扩展。查询扩展技术能很好地解决专利查询中术语不匹配的问题，通过选择具有相似分布或相似语义的词对查询词进行扩展，补充相关术语来增强检索语义并减少歧义，从而更符合用户的查询需求，提高检索效果。

现有的专利查询扩展的方法可分为基于反馈的方法、基于词典的方法和基于语义的方法。

（二）专利申请

专利申请是指发明创造的技术方案法律化的过程，专利申请人将技术方案凝练成专利申请文件提交给专利局，在此过程中，专利申请人不仅需要对申请文件进行高质量撰写，还要根据自身需求结合专利申请制度制定合理的申请策略。

（三）专利许可

专利实施许可又称专利许可，是指专利技术所有人或其授权人许可他人在一定期限、一定地区以一定方式实施其所拥有的专利，并向他人收取使用费用。在实践中，专利权人并不总是仅靠自己去实施专利，并非亲自参与到专利技术运用于产品开发、市场销售的全部环节，往往是通过将专利技术许可给他人使用，收取专利许可费，作为开发技术的回报。此外，弄清楚专利权的民事属性，对于厘清专利许可中的法律关系具有十分重要的意义。对专利权的民事属性的认识，学界观点并不一致，但是大部分学者按照物权的规则，将其认定为积极的支配权，较少学者将专利权认定为排除权，认为专利权仅仅是在特定的地域范围和时间期限内所具有的消极排除权。大多数国家和地区的法律将专利权认定为排除权，《与贸易有关的知识产权协议》（TRIPS 协议）也不例外。专利权不同于一般的物权，专利权是一种技术方案或设计，主体上具有无形性，行使也受到诸多法律的限制，并且专利权具有专利保护范围的不确定性和专利效力的不稳定性，对于专利权人而言，专利技术这些特点都决定了无法通过事实占有的方式来对专利技术宣誓所有权，进而也无法实现法律支配。因此，将专利权认定为消极排除权更为恰当，认定专利权为消极排除权并不会影响专利权的民事权利属性，同时也符合拥有众多专利而不实施的情况，更符合专利法目标、专利保护范围的确定，专利法与其他法（尤其是反垄断法）之间的协调。

（四）专利规避设计

专利规避设计是指通过寻找实现目标专利功能的不同技术方法，对目标专利进行再设计，最终达到相似或相同的用途与效果，并绕开该专利法律保护范围的过程策略。不同规模的企业对专利规避技术的应用方式不同，大型高科技企业通过专利规避设计的逆应用，可以发现自身的技术漏洞，从而对自身所拥有的核心专利技术的延伸专利展开研究，以达到保护自身核心专利的目的，防止其他企业侵权。中小型企业由于缺乏核心技术，为了企业发展，通过专利规避方法的合理利用，可以突破大型企业的技术壁垒，抢占市场份额。

专利规避设计与一般的创新设计之间存在较大区别，通过对专利文本的分析能够更加容易地确定目标专利技术系统的当前状态。专利规避设计主要由专利挖掘、专利分析和规避设计三个部分组成，其一般流程如图 4-1 所示。

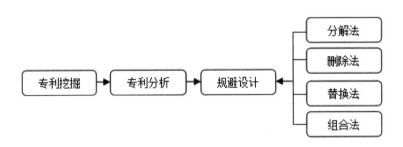

图 4-1　专利规避设计一般流程

专利挖掘：为专利规避明确改进方向，对专利创造具有重要意义。在专利挖掘阶段，企业根据自身的布局规划和专利战略，对专利热点进行分析，结合用户需求归纳出专利检索关键词并对相关专利进行检索，经分析筛选后确定目标专利库。

专利分析：通过对目标专利库中专利文献的技术系统进行深入分析，挖掘出其中蕴含的有用信息和存在的问题，为之后的专利规避设计明确方向。

规避设计：专利的规避设计是进行专利创造最核心的环节。目前通常采用分解法、删除法、替换法和组合法四种方法对目标专利进行规避设计，规避其权利保护范围，从而创造出不构成侵权的有效专利产品。四种方法的主要内容如表 4-3 所示。

表 4-3　专利规避设计的主要方法

规避方法	内容简述
分解法	使用多个分解的技术特征共同实现系统原有的功能
删除法	删除原有技术特征，采用其他功能组件实现其功能
替换法	使用不同的组件对原有组件和功能进行替换
组合法	通过组合不同的技术特征替换系统原有的功能

第五章 产品开发策略

产品开发策略要根据企业生产和发展的实际情况进行科学合理的选择，实现产品开发的多元化，提高产品的市场份额，降低企业的经营风险，满足消费者的全新需求，提高企业的盈利收益。

第一节 产品开发策略的种类

一、产品开发策略相关概念

（一）产品开发

产品开发是指企业推出创新性的全新产品或对现有产品进行改造提升后投入市场，采取产品延伸的策略，扩大现有产品的深度和广度，利用现有的顾客关系来扩大市场占有率、提高企业经营收入，推动企业持续发展的过程。

产品开发是企业研究的重点内容，是企业提高竞争优势的源泉，也是企业生存和发展的战略核心之一。特别是现代市场上企业之间的竞争日趋激烈，企业要想在市场上保持竞争优势，必须通过不断改良现有产品或开发新产品来扩大市场占有率或销售额。因此，企业可以基于产品的市场定位、竞争对手的现状，结合自身品牌具有的优势与劣势以及行业前景和面临的机会与威胁进行详细分析，从而确定企业未来的产品开发策略。产品开发是企业各项优势资源整合的过程，以顾客需求为中心，将顾客的需求与企业的特长有机结合起来，最终设计输出符合客户期望的产品。产品开发是企业从事新产品的研究、试制、投产以及更新或扩大产品品种的过程，一般包括调查研究、样品设计、试制和定型阶段，投产的工艺准备和小批量试制阶段，正式投产阶段。

1. 产品开发的类型

在进行产品开发时，选择正确的开发方式将使产品开发更容易成功。产品开发有以下四种主要类型。

（1）独创开发

独创开发是指企业自己设计或开发新产品，这条发展道路的结果代表了科学和技术发展的趋势，表现为全新的技术、全新的工艺、全新的材料和全新的产品。独创型的技术开发由于从基础研究搞起，科研难度大，耗费投资多，对研发人员的素质要求高，主要适用于有条件的大型企业。

（2）技术引进

技术引进是指从企业外部引进或转移新技术。在这种类型的产品开发中，企业可以迅速获得所需的生产技术，并在短时间内引入生产，便于更快地取得成果，减少研发投入。然而，技术引进并不能促进企业的技术积累和沉淀，也不能促进产品的持续改进和创新。

（3）改进开发

改进开发是指现有技术的综合扩展以及新技术的开发。这种类型的开发通常不需要额外的生产设备或工艺技术，不需要太多的资源投资，开发成本相对较低。

（4）结合开发

结合开发是独创开发与技术引进相结合的一种产品开发方式。

2. 产品开发的要素

产品开发的产品定位、技术管理、开发流程三个要素为其提供了必要的基础管理框架，通过掌握这些要素，企业可以找到更好的产品机会，从战略的角度为每个新产品的开发提供资源。

（1）产品定位

产品定位就是针对消费者对某些产品属性的重视程度，为产品或企业创造一个差异化的特征，并在市场上树立产品形象，从而使目标市场的客户能够理解和识别企业的产品。确定产品开发的内容，将产品与同类产品区分开来，引进新技术，创造差异化的产品属性。

（2）技术管理

技术管理是指企业中计划、组织、指导、协调和控制技术开发、产品开发、技术改造、技术合作和技术转让的一系列管理活动。在产品开发中，最重要的环节之一是技术管理，其主要任务是发现同行业中其他企业的新技术并学以致用，提高其产品的竞争力。同时，管理一个企业的潜在技术，建立基本技术标准和技术数据库，可以减少产品开发过程中的技术困难。

（3）开发流程

开发流程是指产品从开始到形成的过程，包含概念、计划、开发、验证和发布五个阶段。很多公司已采用产品及周期优化（Product And Cycle-time Excellence，PACE）流程和集成产品开发（Integrated Product Development，IPD）流程来解决产品开发中出现的一系列问题。

3. 产品开发的意义

产品开发除了能够有效推动企业发展，也能够推动社会的进步。

首先，产品开发能够帮助企业提高自身的市场竞争力，根据产品生命周期理论可以看出形成、成长、成熟与衰退这四个周期是每一个产品的必经之路，产品更新换代具有必然性，没有任何一个产品能够永久获利，经久不衰。当前时期，国内国际格局呈现出双循环的状况，层出不穷的新产品、新技术使产品的衰退周期越来越短。企业的产品只有及时迭代，才能保持市场的优势地位。

其次，产品开发还能帮助企业提高自身的经济效益。企业一切经营活动的根本目的是盈利，而盈利收益主要依靠市场份额。在企业所获取的利润当中，开发的产品是一大重要来源，因此不断开发产品能够帮助企业提高自身的经济效益，占据更大的市场份额。产品开发还能帮助企业提高知名度，在市场中树立良好的形象。这需要企业不断完善自身的服务和产品，向消费者提供具有高质量、高品质的产品与服务，在市场调研的基础上进行开发设计，让自身所设计的产品能够与消费者的需求相符，获得市场的关注度，提升自身在市场中的创新形象，扩大产品在市场中占有的份额。

最后，产品开发还能有效推动社会整体发展。在开发产品的过程中，无论是工艺、材料还是技术等都会随之发展进步，这就让社会生产生活的便利程度进一步提高，同时推动社会文明不断向前进步。

（二）产品开发策略

产品开发策略是以市场需求为基础，以刺激顾客新需求为重点，以优质新产品引导消费趋势，为现有市场提供新产品和服务，增加销量为核心的策略。产品开发策略的制定和实施有利于企业充分利用内部资源和市场环境，克服内部劣势，这对规避市场风险具有指导意义。通过实施产品开发策略，企业能够实现提升市场竞争力，增加利润的目标。

产品开发策略属于企业职能策略，关系到企业未来业务领域的选择，对企业的生存和发展至关重要。对产品开发策略含义的理解可以从三个角度入手：从产品决策的角度来看，产品开发策略是指企业规划开发什么样的产品以及要投入产品开发中的人力、物力和财力资源；从产品规划的角度来看，产品开发策略是对现有产品和未来要开发的产品进行规划，并对资源进行整合，以实现策略目标；从产品和市场的角度来看，产品开发策略是要根据客户的需求改进现有产品或开发新产品。

随着当下智能技术、市场环境及经济形态的变更与发展，各大企业对于作为其独特竞争优势与核心竞争力的产品有了新的需求与标准，决策者需要掌握足够信息并明确决策活动自身所具有的特点才更容易做出具有时代性、符合市场态势、满足用户需求以及成功占据相当市场规模的策略。

产品开发策略的主要特点可概括为以下几点。

第一，产品开发策略具有系统性及变革性。产品开发策略的全过程正如一条连续不断、反复循环的链条，其中所涉及的各个要素与所处环境之间不断充斥着信息的传递、变化与制约。因此，为保证决策正确，决策者必须借助系统思维，根据所掌握的信息理性观察、系统分析评估每个决策对象。且结合当下的时代特征，即要求企业在进行产品开发决策时，将决策对象所处环境看作一个不断变革、处于混沌边缘的动态系统；要求企业就客观内外部环境的变化以及实时信息的更新，针对方案灵活做出相应修正与调整，杜绝"拍板后绝不更改"的现象出现。

第二，产品开发策略具有目标性及预测性。产品开发策略的目标即该阶段决策过程需要解决的问题点，正确的决策目标是科学决策的前提。且产品的发展具有复杂多样性，策略的目标也由单一目标向多目标体系演变。产品开发策略的目标必须是明确具体的、可衡量评估的、真实且可获得的，各个目标间具有关联性且具有时间限制。策略目标合理且准确的保障是决策者所具有的经验、胆识、智慧以及对于目标市场及相关产品发展的历史、现状及趋势等要素的敏锐研究与洞察力。在当下客观现实的基础上，依照事物发展规律对其后续行为进行预先分析与决断，具有相当预测性。任何策略均是针对当下且面向未来的，没有预测的策略目标是没有发展前景的。

第三，产品开发策略具有选优性及反馈性。从多个拟订备选方案中选择最为满意合理的方案并实施是产品开发策略工作的核心，亦是其关键步骤。产品开发策略属于半结构化的策略问题，在其选优过程中，通常采用定性分析与定量分析相结合的方式进行。运用定量的数学工具及模型等可精确得出所需数据信息，但对于某些较为复杂的问题则需要结合定性的方法论及实际经验等进行深度分析。

但客观环境的不确定性决定其所选最优方案的应用有效性仍呈未知状态，这需要在实施过程中随执行进程将产生的数据信息向决策层或决策者进行及时反馈，便于相应人员研究方案执行过程中的问题以便及时更正策略方案中的相应变量，使策略更加科学化。

第四，产品开发策略具有开拓性及风险性。产品开发策略在产品探索未知领域时行使决定权，为产品选择新发展方向及领域，为产品选择新技术、新工艺、新方法、新理论及新模型等，其具有的创新精神使其显得更具开拓性。这种开拓性，归根结底来自产品研究本身所具有的创造性特点：以新认知拓展或更新原有认知；以新技术、新工艺优化或替代原有技术及工艺；以新产品取代旧产品等。但同时，面向未来的未知领域充满了风险与不确定性，若想开拓新领地并取得高成就，决策者通常要冒巨大风险做出决策。故决策者需要对所做策略进行风险评估以明确所制订的策略方案的风险程度，并在代价与所得之间进行慎重权衡以支撑策略的顺利执行。

综上，企业开发产品一直以来是其经营管理中最主要且十分重要的活动，决策人员准确理解并掌握产品开发策略的主要特点，能够在实施策略活动时迅速找准切入点以制订有针对性且有效的解决方案。

二、产品开发策略的分类

（一）领先型开发策略

领先型开发策略从市场需求出发，以最快的速度了解消费者的全新需求，并组织技术人员对其进行研发，或者在了解市场的基础上引导消费者产生新需求从而研发新产品，并在第一时间将研发的产品投入市场，占据市场份额。企业在不断研发和持续投入的进程中使自己的技术先进性逐步提升，保持产品的新颖度。与此同时，这种方式要求企业的研发能力、市场反馈机制、人才机制以及物力、财力都有较强的基础，由于开发成本较高，如果出现产品开发不成功的状况，对于企业的经营而言会造成极大的不利影响，甚至会使企业遭受巨大损失。

在运用领先型开发策略时，企业应树立产品领先的策略愿景，根据产品市场需求导向，建立技术领先的产品平台，第一时间组织研发满足消费者新需求的新产品，构造基于顾客需求的产品线，研发差异化产品开发项目，第一时间投入市场、占领市场，并通过在研发上的持续投入来保持产品的新颖度和技术的先进性以及市场领先地位。

这种策略适用于企业具有比竞争对手更强的产品开发能力，并且现有产品在技术方面有较明显的优势。为了让企业的产品或服务能够在竞争市场中保持领先地位，企业必然会采用这一种开发策略。

（二）追随型开发策略

追随型开发策略，指的是企业在了解市场的基础上，以最快的速度观察市场中出现的新产品，发现新产品的发展前景，以最快的速度进行模仿改进并投入市场。运用这一策略的企业需要在信息接受能力上有较好的基础，并且需要有良好的生产能力、开发能力与研究能力，只有这样才能在了解新产品的第一时间迅速进行开发和生产，并将其投入市场。

运用这一策略开发产品的成本较低，风险较小。但是与领先型开发策略相比，运用追随型开发策略所获取的利润要低许多，并且有可能面临专利问题和激烈的市场竞争环境。因此，企业除了要对原产品进行模仿以外，还应当在产品的功能、质量等各个方面做出优化。

在运用追随型开发策略时，企业应紧盯市场上出现的新产品，一旦发现该产品有较好的市场，立即进行模仿、改进，并迅速投入市场。企业必须有快速的信息接收能力，较强的研究能力、开发能力、生产能力，才能确保快速进行追随开发、生产、投入市场，并且要在模仿的基础上，在成本、功能、质量等方面加以改进才能使产品开发成功。

（三）系列化开发策略

系列化开发策略又称为系列延伸策略。企业围绕产品上下左右前后进行全方位的延伸，开发出一系列类似的但又各不相同的产品，形成不同类型、不同规格、不同档次的产品系列。企业针对消费者在使用某一产品时所产生的新需求，推出特定的系列配套新产品，可以加深企业产品组合的深度，为企业产品开发提供广阔的天地。

系列化开发策略能够打破企业原有等级范围的营销网络，使产品线变长。它是用来扩充产品组合的一种重要手段。产品线延伸策略主要有两种，分别为产品线向上延伸和产品线向下延伸。产品线向上延伸策略是指企业在现有产品档次的基础上，推出更高档次的同类产品的策略；产品线向下延伸策略是指企业由原来生产或销售中的高档产品的基础上，又进行更低档次同类产品生产的策略。因此，具有设计、开发系列产品资源，并且能够加深产品深度组合能力的企业可采用这种开发策略。

系列化开发策略具有以下几个优势。

第一，产品能够共享品牌的影响力。系列化产品开发往往是基于同一品牌而进行的，由于消费者对该品牌已经有了一定的了解，在产品推广过程中较容易得到消费者的信任。特别是对于知名品牌，即使其新的产品系列与其以往的产品处于不同的领域或定位，由于品质的相关联想，也较易得到市场的认可。

第二，降低企业在产品开发上的资金投入。由于系列化产品开发通常是在充分考虑系列内产品之间以及变形产品之间的通用化的基础上进行的，因此零部件的模具费用、外观的设计成本及表面处理工艺的统一等方面会有很大的节省空间。

第三，较易形成市场上的规模效应。产品的系列化开发有多个方向，一个企业在进行系列化开发时可以通过对消费者生活形态的研究确定发展方向，从而使产品线更好地满足消费者多方面的生活需求。当产品的系列化程度达到一定量级，消费者出于对品牌的信任和喜爱就会产生"不买则已，要买就买一套"的心理，从而促进产品的销售。

（四）差异化开发策略

差异化开发策略又称为比较型产品创新策略。市场竞争使市场上产品同质化现象非常严重，企业要想使自身的产品在市场上受到消费者的青睐，就必须创新出与众不同的、有自己特色的产品，从而满足不同消费者的个性需求。这就要求企业进行市场调查、分析市场、追踪市场变化情况，调查市场上需要哪些产品，哪些产品企业使用现有的技术能够生产，哪些产品使用现有的技术不能生产。企业要结合自己拥有的资源条件进行自主开发创新，创新就意味着差异化。

具有创新产品技术、资源实力的企业，或者具有一定的市场调查研究能力、创新产品的技术研发能力的企业，可采用这种开发策略。

企业在制定发展战略时，应该考虑对产品实行差异化开发策略，这样不仅可以吸引消费者的目光，也可以提升消费者的忠诚度；不仅可以提高企业的品牌效益，也可以获取丰厚的利润。如果企业推出的产品具有竞争企业无法替代的独特性，正是这种独特性，可以激发顾客的购买欲望。产品具有差异性，可以提高市场的消费需求。目前小众市场的商品也存在差异化现象，达到差异化的手段有很多，企业可以选择在产品的外观、性能等方面实施差异化开发策略。在对差异化开发策略进行制定时，企业要考虑的首要因素不是对成本进行控制，而是如何发挥产品的独特性作用。

企业应该了解到差异化开发策略与领先型开发策略在实施的过程中达到的效

果是不同的。除此之外，还应该了解到差异化开发策略的实施可以使企业获得高额利润，产品占据的绝对市场份额不断增多，但同时限制了产品的消费群体。

所以企业要根据自身的特点，制定科学合理的差异化开发策略。这不仅可以提高企业的核心竞争力，也可以为产品的发展方向提供指导。简而言之，企业实施差异化开发策略，不仅可以提高企业的最终收益，也可以避免价格竞争的恶性发展。

（五）替代型开发策略

替代型开发策略指的是企业通过有偿支付的方式，在可承受范围内将资金交付给其他研发单位进行研发，并由本企业对其研究成果进行应用，从而代替自己进行开发。这种策略适用于资源有限、研发能力与人才资源不足的企业。

企业现有产品的市场竞争力较弱，研发资源和能力有所欠缺，但其拥有较好的经济基础，这种情况下企业往往会采用替代型开发策略，把现有产品和技术通过购买其他企业或者研究机构的新产品、新技术加以整合和替代。这种产品开发策略普遍存在于我国的传统制造业中。

（六）超前式开发策略

超前式开发策略又称为潮流式开发策略，是指企业根据消费者受流行心理的影响，模仿电影、戏剧、体育、文艺等领域明星的流行生活特征，开发新产品。众所周知，一般商品的生命周期可以分为导入期、成长期、成熟期和衰退期四个阶段。而消费流行周期和一般商品的生命周期极为相似并有密切的联系，包括风格型产品生命周期、时尚型产品生命周期、热潮型产品生命周期等特殊类型。在消费者日益追求休闲生活、张扬个性的消费经济时代，了解消费流行的周期性特点有利于企业超前开发出流行产品，取得超额利润。

超前式开发策略是根据流行元素开发新产品，企业可以获取短期的超额利润，具有预测消费潮流与趋向、及时捕捉消费者流行心理的能力的企业适合这种产品开发策略。

（七）滞后式开发策略

滞后式开发策略也称为补缺式开发策略。消费需求具有不同的层次，一些大企业往往放弃盈利少、相对落后的产品，必然形成一定的市场空当。滞后式产品开发适合小众市场的新产品，市场销量小、利润比较低、技术落后，适合资金和技术实力相对较弱的中小企业。

（八）产品—市场组合开发策略

产品—市场组合开发策略主要包括市场渗透策略、旧产品—新市场开发策略、新产品—旧市场开发策略、新产品—新市场开发策略。

1. 市场渗透策略

市场渗透策略就是利用低价格的产品来赢得更多消费者的认可，通过大力度的促销方式尽可能多地获取更大的市场占有量。这种策略适用于企业现有的大多数产品线，尤其是处于产品成熟期和产品衰退期的对应的产品线。例如，对于蔬菜种业企业来说，可以在现有产品、现有市场的基础上，有侧重点和针对性地对产品线实行季节性的大规模促销活动，改进售后服务，提供个性化的作物解决方案来努力增加销售量，吸引现有的种植者重复购买和大量购买，并争取更多潜在客户和竞争对手的客户加入购买，以维持和提高市场占有率。

2. 旧产品—新市场开发策略

这种策略就是把企业现有的老产品投放到某些新市场中进行产品开发的策略，这需要企业首先深入了解这些目标新市场的需求，然后寻求发展机会，继而使老产品焕发出新活力，创造新价值。

3. 新产品—旧市场开发策略

这种策略就是把企业新研发出的产品投放到一些已经比较成熟的旧市场中。旧市场因为已经是成熟的市场，客户对企业产品的了解以及品牌的认识都达到了比较好的程度，这种情况下新产品的进入更容易被消费者接受，可以使产品更快速地占领市场，而且可以降低推广成本，提高新产品的利润率。

4. 新产品—新市场开发策略

新产品进入新市场的产品开发是最冒险的策略，要求企业在将产品引入市场前，必须准确了解新产品的特性和新市场的需求，只有这样才可以提高产品开发的成功率。

（九）混合型开发策略

在混合型开发策略中，企业应根据产品不同的发展时期、情况，对产品开发策略进行综合应用，以提高产品市场占有率和企业经济效益。

混合型开发策略适用于拥有多类产品，而且在市场竞争中每类产品的地位不同的企业，企业会同时采取领先型开发策略、追随型开发策略、替代型开发策略中的两种或两种以上进行组合。拥有多产品线的大型综合企业经常会采用这种策略。

第二节　产品开发策略的制定

一、产品开发策略的制定过程

企业要想获得良好的生产和发展，必须制定产品开发策略。产品开发策略的选择和制定是一个非常复杂的过程，企业要对影响战略选择的诸多因素进行详细的分析和考虑，如资源和时机、市场趋势、竞争力和技术发展状况等。但通常情况下，企业只有通过不断开发新产品、拓展现有产品，才能在市场中实现多元化发展。企业通过对现有产品进行不断创新，使自身在市场中占据的份额逐步提高，从而获取更多的收益。产品开发策略制定的有效性及合理性能够帮助企业降低经营风险，使产品的差异化程度不断提升，避免同质化严重的现象，同时还能满足市场当中消费者的全新需求，使产品的寿命周期进一步延长，进而稳步提升市场占比。

产品开发策略以现代决策理论为理论基础。现代决策理论的核心是用基于"有限理性"的"令人满意准则"代替"最优化准则"，其认为管理即决策，即计划、组织、协调、控制等管理职能都隶属于决策的过程，并就此提出了策略需经历的情报收集、拟订方案、方案抉择及执行方案四个阶段，如图 5-1 所示。

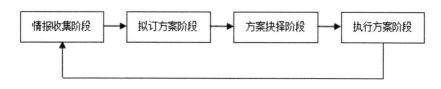

图 5-1　产品开发策略的制定过程

整个产品开发策略的制定过程中，方案执行前的部分对方案实施起到明确的方向指导作用，拟订方案及方案抉择阶段所参考的标准则依赖情报收集阶段对于问题的识别及评价体系的确定。由此可得，产品开发策略的制定过程是指在一定环境中，决策者针对要实现的产品开发目标，就客观存在的条件及要素，在具备一定知识、信息和经验的基础上，遵循相应的原则及标准，借助科学的工具、方法、手段及措施，从一个或多个备选行动方案中选择一个最为满意合理的产品开发方案并付诸实施的全过程。

产品开发策略的制定是产品开发机构或企业部门在对企业内外部资源及能力等方面进行全面评估分析后，使用科学合理的决策技术对产品开发全过程中各个阶段衔接处产生的诸多可行备选方案进行优选并付诸实践的过程。

将产品开发的过程具体到每个阶段，在各个阶段间的节点（即决策点）处设置相关策略标准，通过利用现有产品信息及经验等对拟订产品开发备选方案进行评估分析，继而与相关标准进行比较以做出最为满意合理的选择，这决定了产品开发的方向与内容。

为保证准确且高品质的产品开发产出，决策层或决策者实时收取执行过程中的反馈信息继而降低开发过程中的不确定性，这决定了产品开发成果产出的有效性。产品开发策略制定的有效性很大程度上取决于决策者对于方法及工具的理解程度以及其使用的熟练程度，亦取决于决策者以往的经验以及其承担风险的能力。在产品开发策略的制定过程中，其主要决策内容如表 5-1 所示。

表 5-1　产品开发策略的主要决策内容

产品开发过程	策略目的	主要决策内容
战略规划	确定产品开发的必要性	产品开发目标决策、开发策略、开发规划策略、开发组织策略、开发计划执行过程的策略等
新产品构思	选择产品开发创意	
概念确定	明确产品开发概念	
制订项目规划	确定项目整体计划，明确产品特性	
设计开发	深化产品设计与功能研发	产品设计方案策略、功能选择策略、质量策略及标准策略、试产计划策略、技术经济分析策略等
投放市场	确定产品营销计划	产品定价与价值策略、定位定时策略、销售计划策略、销售组织策略、销售业务策略、技术服务策略等
产品市场活动	延长产品生命周期，增强产品竞争力	

综上，产品开发策略的制定是为达到某一目标继而从若干可行备选方案中选择最为满意合理的方案并执行的工作活动，但具体看来则为一系列"从策略到执行"无限循环的链条，包含企业从起初选择开发符合市场需求的产品到明确设计方向、生产制造工艺，直至确定推广市场策略等各种策略活动。

除上述所列内容外，还有贯穿产品开发全过程的财务计划策略、采购与库存策略、产品开发人员培训策略以及人员调配策略等。正是如上所述的系列策略活动，构成了产品开发策略的制定主要内容。

二、产品开发策略的制定原则

（一）策略一致性原则

企业要想获得良好的发展，必须制定企业策略，且企业策略也是企业产品开发的基础，所以在进行产品项目开发时，首先要明确企业现有的总策略规划，以此为基础制定产品开发策略。

（二）全面评价原则

只有进行了综合的评价之后才能实施产品的开发，通过实践可以看出，即使没有技术方面的问题，企业在产品开发的过程中还是会遭遇很多挫折。对这些挫折进行总结，有一部分是企业的产品开发策略所导致的。

产品生产问题是由于企业的管理人员过于重视技术因素在产品开发中的作用，而忽视了企业的资金状况以及财务因素对产品开发的可持续性造成的制约，同时，企业的管理制度以及其他综合经济因素是否得到了优化和完善等也会影响产品开发的成败。

因此，企业需要全面地对新产品进行评价，保证对产品进行综合分析，才能使产品在开发的过程当中流程顺畅，避免出现重复评价的状况，使产品量产得以顺利进行，为企业获取稳定的盈利。

（三）先进性和可行性统一原则

了解项目的先进性是选定产品开发系列的重要前提。先进性对于产品开发而言极为重要，除了技术上要求先进以外，还要保持工艺以及设备上的先进。

与此同时，产品开发的可行性与其先进性应放在同等重要的位置。当对项目进行可行性分析时，如果可行性报告不能支撑整个产品的开发，则不应进行该产品的生产。因此在开发和管理产品的过程中，首先要分析其生产的可行性和先进性，基于发展实际，要求二者同时达到要求才能够实施产品开发流程。

三、产品开发策略的制定方法

针对开发产品、创造新品类及开辟新市场以提高企业核心竞争力与竞争优势，国内外学者与各界企业家近年来对各交叉领域展开了深度的探索。除以往追求的经济效益外，社会效益、价值效益及未来效益对于企业来说变得更加重要，在此背景下为准确做出产品开发决策，则需要半结构化的理性数学分析与感性经验认知相结合以共同发挥作用。产品开发策略的制定所应用的方法主要分为主观决策法和计量决策法，具体如下。

（一）主观决策法

主观决策法是指在产品开发决策的过程中，通过采用有效的组织形式将决策层或决策者各自的认知、经验及见解相结合继而进行集体决策的一种方法。与传统经验决策法相比，主观决策法侧重于在对决策过程进行全面系统分析评估的基础上，依靠专家群体的力量进行决策，并非仅依靠个人经验进行决断。

1. 头脑风暴法

头脑风暴法是一种激发性思维方法，亦称"专家意见法"。该方法主要以小组形式进行，参会人数建议 6～10 人为宜，侧重于收集新思想、新创见与新方案，主张参与者集思广益、自由发表极具创造性的意见。

在确定会议主题后，主持人及参会者需要遵守以下原则：会议整体需保持轻松愉快的氛围；自由发言且需尽可能提出大胆设想；会议中与会者均不对已发表的言论进行讨论评价，但可在其基础上进行补充与拓展；发言采用结论先行原则，明确简练表述意见观点即可，不需详述。

2. 德尔菲法

德尔菲法亦称"专家小组法"，其本质是一种匿名反馈函询法，可实现更为直观的群体预测。该方法通常由企业内外部专家及组织预测者组成的专门机构所实施，即通过征求其对技术及产品的市场意见及判断，按照既定程序为企业预测市场未来发展趋势等。

区别于头脑风暴法，该方法采用的"背对背通信函询"方式使得与会专家互不相识，因不受权威等要素的束缚，故可更自由充分地发表意见观点，且在通过多轮调查征集一组专家意见后，使用数理统计方法将最终意见集合进行客观且系统的分析，继而得出的结论更为统一、准确且极具说服力。德尔菲法应用的一般步骤如下。

①明确预测课题，建立专家小组，建议 10 ～ 20 人，包括理论学家与极富实际工作经验的技术专家等多方面人才。

②总结若干针对性问题，准备相关材料并制作征询表格。

③以匿名方式向相关专家进行询问，将咨询结果归纳、总结并整理，继而反馈给专家（多次循环上述步骤以得到相对集中的意见，建议三轮以上）。

④采用数理统计方法（通常为加权平均法、中位数法、平均数法等）对最后一轮专家意见进行定量分析，通过数据挖掘未来可能的发展规律，得出最终预测结论。

（二）计量决策法

计量决策法是一种建立在数学基础上的定量决策方法，通过对拟订决策方案进行分析计算得出损益值继而选择最优方案，其涉及应用数学、统计学、运筹学、管理科学、信息与计算科学等诸多现代技术成果及方法的应用。该方法主要应用于程序性决策，其核心是在决策相关因素（相关变量）与目标之间建立可衡量的联系，并通过数学模型将其表现出来，根据决策条件输入相应变量，经计算得出决策结果。

1. 决策树法

决策树法即借助直观的树形网络描述整个决策过程，其基本原理是将影响各决策方案的有关要素画成一张树状图，以决策的损益值为依据，通过在树状图上计算出相应损益值继而得出最优方案。一般来说，企业在进行非重复性、极具风险性且会产生巨大盈亏后果（如确定企业是否需要扩大生产力等问题）的决策时均可使用决策树法。该方法提供了决策问题的四部分主要信息：拟订的决策方案、选定决策方案后可能发生的事件、各事件发生的概率以及各事件的效用及价值。决策树法细分为"单级决策（只需经历一次决策活动就可选出最为满意合理的方案）"和"多级决策（某些问题需经历两次及以上的决策活动才能达到决策目标）"。该方法特别适合"多层次多级决策"。在产品开发决策的过程中，企业使用决策树法，通过数据计算，可直观比较各个解决方案的优劣势；能够直观看到与各个拟订方案相关的要素及事件；可表明每一拟订方案最终所实现的概率；能够大概率计算出每一方案最终的盈亏后果。

2. 期望值决策法

期望值决策法是以最佳损益期望值为决策标准的一种方法，即按照正常发展状态下每个要素或事件可能出现的概率来计算各个拟订方案的损益期望值。近似准确地拟订各种自然状态出现的概率是该方法的重中之重，这对决策层或决策者的数据分析能力、调查研究能力、预测能力以及以往经验的归纳总结能力提出了很高要求。通过精确计算出各拟订方案所得的损益期望值，继而以"受益最大、损失最小、产出最多、投入最少"等为原则选出最为满意合理的决策方案，这是期望值决策法的根本。期望值决策法的具体应用步骤如下。

①整理与决策问题相关的背景资料，找出可能发生的要素或事件。

②拟订重要且有可实施性的行动方案。

③根据所掌握信息及经验，调研并预测各要素或事件可能出现的概率。

④利用相关知识，计算各个拟订方案在不同情况下的损益期望值。

⑤制作决策表。

⑥将各方案的损益期望值进行比较，继而选择最优方案并执行。

3. 层次分析法

层次分析法是一种定性与定量相结合的决策分析方法。该方法即对问题系统中各层次的组成要素进行评估分析并做出主观估计，对各层次中每个要素的相对重要性进行测量的一种方法。该方法的基本思想是根据决策问题本身性质以及决策总目标，将决策问题中的各个要素按支配关系分配到不同层次、按属性归类到不同组别，并通过各层次不同要素间的相互比较得出其权重。某层次要素在作为准则且对下一层次因素起到指导、规范作用的同时，亦需受到上一层次要素的支配与控制。随着时代的发展，层次分析法被广泛应用在各个领域中，具体包括最佳方案选择、人力资源管理、绩效评价分析、产品开发策略的制定等。该方法主要是计算得到不同层次指标体系的权重结果，进而得到整个模型框架结果。通常来说，层次分析法的主要应用步骤如下。

①将各要素按照不同等级构建分层结构。

②主观评价各层次每一组成要素的相对重要性，获得相应主观估计数，通过组成数据矩阵继而求得其所占权重。

③根据各要素之间的联系，就相对权重进行一致性检验。

④求得各层次范围内的组合权重。

4. 价值工程法

价值工程法是一种通过分析产品功能，在最大化地降低产品成本且保证必要功能的基础上提高产品或劳务价值、实现产品最佳成本性能比的科学的技术经济方法，涉及企业内部设计、技术、生产、销售及物流等各个部门。

价值工程法以功能分析为核心，功能的设计及相关功能设备配置等是技术问题，但降低成本是经济问题，该方法能够将技术与经济两者有机结合，以一定程度上避免企业中相关脱节现象出现。

价值工程法应用的一般步骤如下。

①选择价值工程对象，拟订产品开发／价值工程的可行性方案。

②搜集情报资料（涉及市场需求、产品成本、评价指标等信息），确定功能评价指标体系。

③根据专家及消费者等人对产品市场适应性的评分，确定产品功能指标的重要性系数。

④结合各产品功能指标的重要性系数，计算并确定各拟订方案的功能评价系数。

⑤计算并确定各方案价值功能系数，经比较权衡后选择最佳方案。

第三节　产品开发策略的实施

一、产品开发策略的实施措施

（一）开发制度保障

首先，企业在产品开发上必须采取规范的制度，始终将自主开发的优势贯穿产品开发的全程。同时运用多元化创新机制，按照规范化制度投入生产，从产品的设计、开发、制作等一系列流程出发，重视商业机密，申请相应专利，保护知识产权。与此同时，还要对市场和消费者需求的变化保持时刻关注，从市场情况出发，对自身开发设计进行调整，从而使生产的产品与市场需求更为匹配。

其次，薪资待遇与员工工作的积极性有着极为密切的联系，是否具有较高的薪资决定了企业能否真正激发员工工作的积极性。因此，企业不仅要在发展中追求更高的利润收益，同时还要顾及员工利益，将员工个人利益与企业的发展有机结合，打造良好的薪酬管理制度，从而对员工起到激励作用。

最后，在对员工进行管理时，应当制定相应的奖惩制度，形成部门内部、部门与部门之间的周期性考核评价，通过多种要素将薪资与绩效挂钩。将浮动薪资和固定薪资相结合，避免出现死板的工资发放方案，从而使员工的积极性得到提升，推动团队的工作效率不断提高。

（二）研发资金保障

1. 建立财务预算制度

为了更好地研发产品，企业在设备、资源以及人力方面投入了大量资金。建立良好的财务预算制度，实行资金运作管控，对于产品开发流程的顺利进行极为重要。企业应当建立财务预算制度，了解资金走向、收益以及使用状况等，从而更好地利用资金，将其投入最需要的生产环节，并且能了解产品的市场反馈以及盈利状况。

2. 做好研发资金调配

企业应当合理调配研发资金。第一，企业想要获得长远的发展，生产更多的新产品，就必须做好资金上的准备。可以通过财务杠杆的方式适当举债，获得更多的融资资金。运用银行抵押贷款和第三方金融机构融资等方式，帮助企业的资金问题得到妥善解决。第二，重新梳理企业内部运作资金成本，对不必要的成本支出进行缩减，并且在采购原材料，采用新工艺、新技术等方面也应当尽可能控制成本，开源节流。

（三）人力资源保障

1. 重视人才引进

产品开发策略的实施，需要人才支撑，因此在制订人力资源计划时，企业要大力招聘产品设计相关的专业人才，增强企业产品设计的人才厚度，为策略的实施提供人才支撑。

2. 招聘选拔策略

企业可以运用内部招聘与外部招聘这两种方式招纳人才。一般情况下，外部招聘有多种方式可供选择，对于一般人才，可以运用校园招聘会或者社会招聘会的方式进行人才吸纳。而对于高等级的人才，最好的方式是选用猎头公司或通过内部推荐，从而保证候选人员的资质及技术水平。

3. 员工培训策略

在完成人才招聘后，企业还应当及时对他们开展培训，使工的工作能力与水平能够与企业发展的需求相匹配。企业应当从员工自身发展的角度考虑员工的培训计划，将企业策略发展与员工自身发展结合起来充分考量，使员工个人成长方向与企业愿景保持一致，让企业与员工协同成长，实现各自目标。首先，根据员工的不同级别制订不同的培训计划。例如，面对新员工、中高层员工，培训计划应当有所不同，并且培训人员的不同在方法以及标准上都应当有所差异。其次，开展培训考核与评价，将考核纳入员工绩效，使员工培训方式评价体系不断完善，从而推动员工个人和企业获得最大化成长。

（四）企业文化保障

优秀的企业文化，能使员工对企业产生认同感，进而支持企业产品开发策略的实施，坚持产品领先思维，打造高质量产品研发技术平台。

企业要将自身的愿景、使命、价值观，传达给每一名员工；开展户外拓展等活动，增强员工凝聚力；完善企业规章制度，对不符合企业文化的规章制度予以修改，督促员工严格执行企业规章制度，做到行动统一、步调一致地执行企业的产品开发策略。

二、产品开发策略的实施控制

（一）策略控制组织分工

企业高层应该发挥统领全局的作用，对产品开发策略的实施给予全局性统筹，科学制订行动计划，督促各部门落实落细。企业中层是企业的中流砥柱，也承担着上传下达的作用，是产品开发策略实施的具体管理者。各部门中层领导应结合自身职能，确保本部门策略落实到位。人力资源部门应为企业产品开发策略实施提供人才保障，加大相关产品设计人才引进、培训力度，为策略的实施提供可靠人才。财务部门应做好企业产品开发策略的资金保障工作，从财务计划、实施等方面，做好企业财务统筹，保障策略实施有充足的资金基础。

企业整体架构以职能划分的结构，这样更有利于管理层进行各职能单元的协调及管理。研发部门作为企业重要的核心技术部门，承担着企业未来可持续发展的重要使命，但在架构设置及管理层面却存在着与企业业务部门脱节的现象，为了与企业发展战略保持一致，确保产品开发与企业产品及市场定位高度匹配，必须对研发团队的组织架构进行调整。企业要对人员进行调整并重新分配，调整后的职责应更明确，与业务部门有更多的互动和联系，只有这样才能使企业的产品开发策略顺利实施，实现企业的销售目标。

（二）建立产品开发协同机制

为有效支持和管理开发工作，必须明确产品开发策略，建立产品开发协同机制，加强各部门之间的协调配合。企业必须明确各部门在产品开发工作中的职能分工，强化部门职责。工作的顺利进行需要各部门的配合，不能各执一词。

为了使产品开发策略的实施顺利进行，还要细化职能，落实到每一个具体的工作岗位，确保每一位员工都有清晰的工作职责，遇到问题都能及时报告和处理。

此外，企业应定期组织部门负责人会议，总结以往工作中存在的不足，准确安排今后的工作计划，使产品开发策略的每一个环节都得到落实，问题得到快速有效的解决，提高产品开发效率。

（三）策略实施跟踪反馈

产品开发策略的实施是一个整体性强、周期长的复杂性工作，在产品开发策略实施过程中，企业要不断监控产品开发策略的实施状况，加强策略实施的跟踪反馈，主要可采取如下措施。

1. 实时跟踪产品情况

产品开发策略是为了让企业所生产的产品与提供的服务更具特色，从而推动企业品牌形象朝着更加良好的方向发展。基于这一点，企业应当时刻关注顾客的满意程度，了解产品开发策略的实施成果与进展状况，分析产品开发策略是否在市场中拥有足够的影响力并参考各方意见，不断完善自身。

2. 密切关注客户体验

作为企业获得利润的主要来源，客户对产品的满意程度以及心理价值会对产品开发策略实施造成明显的影响。因此，顾客应当是企业发展和运营的工作中心，企业应通过回访以及调查研究等方式，了解客户在消费过程中的体验、感受，从而探寻产品开发策略的实施过程中存在的问题，通过不断的反馈和改进，逐渐完善自身发展策略。

3. 积极畅通投诉渠道

在产品开发策略实施的初期阶段，可能会由于员工对产品不熟悉导致在执行过程中出现偏差，造成客户投诉量增长。因此，企业应当建立良好的投诉渠道，除了及时记录顾客投诉以外，还应及时改正并给予顾客反馈。通过这样的方式解决企业运营的主要问题，才能更好地运用产品开发策略推动企业发展。

（四）构建策略实施评估体系

对产品开发策略实施的评价实际上是在长期发展目标实施的基础上，通过动态性分析方案，了解产品开发策略实施的流程以及现状，从而实现全方位反馈，及时调整目标体系，使产品开发策略目标以及长期发展规划得到稳步提升。企业应当与市场规律和消费者心理需求保持一致，构建全方位评价体系，对企业运营存在的问题进行总结，使目标得以实现。具体措施如下。

1. 落实执行监管

建立产品开发策略的实施监管机制，保障产品开发策略的实施全过程能获得有效监管。监管内容包括产品设计、技术平台构建以及消费者差异化需求等。

2. 时刻关注企业的内外部环境

内外部环境变化要求企业对自身的发展目标进行改进。当所处行业领域的策略与宏观策略发生偏差时，应当及时调整。

3. 形成短期策略目标

企业应与当前市场状况结合起来确定未来的发展策略，通过制定短期目标，确定考核周期，从而全方位对比实施现状，并根据市场状况以及分析结果及时调整策略目标。

（五）策略实施偏差纠正

为确保制定的产品开发策略能够顺利实施，使企业生产的产品与提供的服务具有差异性与创新性，企业需要关注执行过程中的监管工作，纠正执行过程中的偏差，使实施效果不断优化。

首先，企业应当根据自身的实际状况设置考核评估部门，对产品开发策略的相关工作进行及时纠正，保障工作人员以及相关部门能够始终坚持落实策略内容。

其次，企业应当重视产品开发策略的管理工作。企业应定期召开联席会议，让各个部门的工作人员共享信息、交流合作，查找工作当中的问题，共同制订科学合理的解决方案，让企业的产品开发策略在实施的过程当中不仅保持其连续性，同时保持各个部门之间的统一性。

第六章　产品开发的模式与流程

　　市场需求日益变化，行业竞争也越发激烈，企业需要不断地增强自身的竞争力，提升产品和服务的差异性，才能优于竞争企业，获得用户和市场的认可。在这一过程中，企业需要不断探索产品开发的模式，完善产品开发的流程，提升产品的市场占有率和市场份额。

第一节　产品开发的常见模式

一、资源驱动模式

　　企业具有不同的有形资源和无形资源，这些资源可转变成独特的能力。资源基础理论认为，企业是不同资源的集合体，它们因不同的原因而拥有不同的资源，具有异质性，而这种异质性决定了企业竞争力的差异。一般来说，基于资源的理论有三个方面：第一，特定的异质资源。资源有不同的用途，企业的商业决策包括确定不同资源的具体用途，这些用途一旦确定，就不可逆转。因此，在任何时候，企业都有基于过去资源分配的决策而产生的资源存量，这种资源存量制约着企业的下一步决策，也就是说，资源开发过程往往会降低企业的灵活性。第二，资源的独特性。企业的竞争优势是建立在特殊资源的基础上的，这些特殊资源可以为企业提供经济利益。没有经济利益的企业会被迫模仿主导企业，导致企业趋同。因此，竞争优势和经济租金的存在，意味着主导企业的某些资源有足够的可能性被其他企业所模仿。第三，特殊资源的获取和管理。资源基础理论为企业的长期发展提供了一个方向，即培育和获取能使企业具有竞争优势的特殊资源。但是，由于企业时刻面临着许多不确定因素和决策困难，这一理论无法为企业提供获取特殊资源的具体操作方法，只是提供了一些方向，如组织学习知识管理和建立外部网络。

企业资源是指任何可以成为企业强项或弱项的事物，任何可以作为企业选择和实施其战略的基础的东西。很多成功的企业善于依靠自身在资源上的优势进行产品开发活动，从而达到借力发展的效果。由于资源类型的多样化，企业以资源作为驱动的开发模式也具有多样化的操作方式。

（一）资源的主要类型

资源驱动模式的重要特点在于企业依托资源优势获得开发成本上的便利，同时依靠资源的平台优势将市场效果放大。因此，资源的类型决定了其产品开发的具体操作。资源的主要类型包括以下五种。

1. 地域资源

企业自身所处的地理位置、周边环境、天然物产等都可称为地域资源。企业将这些要素或其中一种要素作为主要的优势或开发原料，通过产品开发流程使其成为产品，仅依靠资源已有的市场口碑或社会评价使其具有较高的市场辨识度，获得良好的销售局面。

2. 产业资源

企业处于产业链中的某个环节，拥有广泛而深厚的周边资源，同时自身具备较强的组织运作能力，通过整合设计的方式进行产品开发。

3. 平台资源

一些企业会基于已有的系统平台进行产品开发，这些平台可能是企业自主开发的，也可能是借用某些开放式平台。

4. 政策资源

国家或地方政府出台的与产业相关的政策也会成为产品开发的良好契机。

5. 文化资源

文化资源泛指人们从事一切与文化活动有关的生产和生活内容的总称，它以精神状态为主要存在形式。例如，企业以一定的文化资源作为基础，适用于文创类产品的开发设计。文化资源具有无形性，因此在进行此类产品开发设计时，需要将无形的文化意蕴视觉化为有形的文化符号或方式。文化资源也具有一定的地域性和差异性。在进行此类产品的设计时，要注意突出其独特性。另外，以文化资源驱动的产品开发项目技术门槛通常较低，更多地注重设计师对文化的独特理解和发散思维，因此非常适合无技术优势的中小型企业进行操作。

（二）采用资源驱动模式应重视的内容

企业在产品开发中采用资源驱动模式时，需要特别重视以下两个方面。

1. 资源分析

决策者需要对自身所具有的资源有充分的认识，清晰地掌握其优势和劣势；对于以获取外界资源为主的开发行为要注意资源的持续性和稳定性，避免后续生产因资源供应不足出现问题；对于平台资源的获取，要考虑其是否为开放性平台，如果不是则需要何种成本才能够进入，这通常需要有财务人员的资金核算，也应包括企业与平台发起方达成协议的时间成本。资源的独特性需要得到保证，才能够使企业的产品具有明显的市场竞争优势。

2. 团队人员构成

运用资源驱动模式，需要企业根据资源类型确定团队中的核心职能。例如，产业资源驱动模式需要将经营型人才作为团队核心，促成产业链中的资源整合以开发新产品；对于平台资源驱动模式，则需要将软件工程师和产品设计师作为团队核心，有助于实现产品与平台的对接；而对于文化资源驱动模式，则需要将产品设计师作为团队核心，深层发掘文化内涵及符号，形成具有独特性的文化产品概念。另外，项目团队的规模、工作方式也应当充分考虑资源的差异性。

采用资源驱动模式通常意味着一种先天优势，即企业所采用的资源通常是具有某种优点的，如成本低、开发风险小、有政府的财政补贴等。另外。对于产业资源驱动模式而言，企业的上下游较易形成集团优势联合做大，而对于平台资源驱动模式来说，产品较易形成生态圈，产生销售上的连锁反应。但是资源是具有一定的依赖性和变动性的，因此资源驱动模式在很大程度上取决于资源的连续性和稳定性，以此为基础的产品很容易受到资源变动的影响。例如，原材料涨价或短缺可能会造成企业生产上的困境，政策的变动可能会使销售受到影响，平台的变动意味着产品需要随之升级换代。

二、技术驱动模式

"技术"即人类在了解、利用并改造自然的过程中使用的所有操作方法及手段的总和，中国古代汉语文学《说文解字》中说"技，巧也。从手，支声"，"技"

意为人们用以谋生且支撑其行为的巧道。世界知识产权组织认为，技术是关于某一领域有效科学以及在该领域为实现公共或个体目标而解决问题的方法的全部体现。从人类的造物文明来看，"技术"的概念最初先是与劳动工具相结合将其实物化，后随科学研究的深入，实现了其由物质向非物质层面的演变。故可知，技术的本质是科学知识在现实社会中的具体化应用，即人类为实现更好地生存与发展，在与社会环境的相互作用中凭借其才能与智慧继而产生的路径、手段、工具及方法的有机综合体，其效用价值则是为人类带来经济效益、提高其生活品质。

许多专门性的生产制造型企业往往在某一技术领域具有一定的积累和优势，基于对市场的分析，通过产品设计发挥企业自身的技术研发优势，从新的技术研发开始，整合资源或转换方向可以推出具有自主品牌的产品占领市场。许多成功的技术驱动型产品都涉及机电工程技术创新、新材料应用或生产工艺革新。这些传统的技术领域的革新很可能会与一个合适的应用领域相匹配，从而衍生出新产品。

（一）技术创新的主要类型

在技术驱动模式下，居于核心地位的技术创新决定了产品的创新点和市场亮点，主要可以分为以下几类。

1. 机电技术创新

机电技术是当今绝大部分机械产品、电子类产品和智能产品的核心，其技术领域涵盖了机械技术、计算机与信息技术、系统技术、自动控制技术。重大的技术创新往往会带来革命性的新产品。

2. 新材料技术创新

新材料是那些具有比传统材料的性能更为优异的一类材料。新材料技术是按照人的意志，通过物理研究、材料设计、材料加工、试验评价等一系列研究过程，创造出能满足各种需要的新型材料的技术。新材料技术在产品中的应用可以起到改善产品性能、提高产品档次、提升用户使用体验等作用。

3. 工艺革新

工艺革新包括新工艺、新设备及新的管理和组织方法。工艺革新有助于提升产品质量、降低生产成本、优化生产流程等。

（二）采用技术驱动模式应重视的内容

企业在产品开发中采用技术驱动模式时需要特别重视以下四个方面。

1. 新技术的独特性

一项新技术的开发、应用通常是针对现有技术不足产生的，因此必然与现有技术存在着各方面的比较，同时由于各企业开发新技术参照系可能相同，其新技术成果也可能会有相近之处，这就要求研发团队有更强的专业水平和独到的开发思路，开发出具有独特性、不易被人模仿的新技术，才能站在市场的前沿。

2. 新技术与市场机会的匹配

新技术只有在满足用户需求方面提供一个明确的竞争优势，才能够保证以此为基础的新产品在市场上得到充分的认可。

3. 新技术的投入产出比

企业开发新技术应用于产品开发一定要考虑投入产出比。开发成本过高会导致产品价格攀升难以被消费者接受，开发时间过长会错过产品的最佳上市时机。同时，新技术的可靠性如果不能得到保证，那么会影响产品质量，进而影响消费者对产品和企业的评价。

4. 团队人员构成

应用技术驱动模式，通常要以技术研发人员为核心。企业资源要向技术研发人员倾斜，决策者及项目管理人员的决策依据主要是技术上的可行性及成本，设计师作为产品开发后期的实现者配合技术研发人员。

采用技术驱动模式往往意味着产品是高科技产品，具有更好的性能、更高的品质以及更前卫的体验感。同时，在市场竞争中会取得较为领先的优势地位，甚至开创一个新的产品领域。企业中的技术研发人员的目标是实现某种技术指标或功能，只要达到指标或实现功能就是完成任务。但对于优秀的产品来说，用户的需求才是第一位的，因此项目管理者在开发过程中需要格外注意这个问题，及时纠正开发方向。另外，技术研发的难度和成本通常较大，因此企业的开发成本也就随之上升，这也是项目管理者需要控制的问题。

三、需求驱动模式

需求驱动模式是以满足消费者（用户）需求为出发点而进行产品开发的思路。按照消费者（用户）的不同需求，需求驱动模式又可分为以下四种。

（一）以提高物质生活水平为目的的模式

随着生活水平的提高，人们在经济条件允许的情况下，在这方面追求更好、更精、更舒适是必然的倾向。适应人们物质生活高级化发展的产品多数为服装、食品、日用品、电气设备、家具、厨具等，这类产品与人们的生活关系密切，因而这些产品的市场大、生命周期长。

（二）以提高精神生活水准为目的的模式

随着生活水平的提高，人们在精神生活方面的要求也逐步提高。这表现在很多方面，如消费者要求有些产品能给人以喜悦、安慰和生存意义等。这样像纪念性产品、怀旧性产品、娱乐性产品、趣味性产品等成为相当热门的产品。

（三）以满足消费者"专用"需求为目的的模式

消费者除追求产品方便化外，追求产品专用化是另一重要趋势。从产品技术来看，只有产品专用化，才能使产品产生最佳的效果。由于不同人群具有不同的个性，加上产品使用环境的多样化，人们对产品提出的要求不可能千篇一律，只有产品"专用"才能给予消费者充分满足。产品专用化可以通过以下途径来实现：第一，按用途不同，实现专用化。一种产品可能有多种用途，这就可按不同用途开发不同的专用产品。第二，按消费者不同，实现专用化。产品的消费者不同，对产品的要求也不同，这就可按不同消费者开发不同的专用产品。第三，按使用地点和使用特点不同，实现专用化。产品的使用地点不同，往往对产品有不同要求，这就可按不同使用地点开发不同专用产品。

（四）以满足失望的消费者需求为目的的模式

一些企业有时因巧妙地利用消费者的抱怨投诉，使产品开发收到明显的效果。这些企业建立了抱怨投诉的处理制度。由于抱怨的反面就是希望，可以这样设想一下：消费者有什么不满？消费者对什么失望？为什么引起消费者的不满和失望？结果就会弄清消费者所真正希望得到的东西，也就是应该开发的产品。

四、创新驱动模式

创新驱动模式也可称为设计驱动模式或潜在需求驱动模式。有别于显性需求，在经济较为发达、市场活跃度较高的地区，消费者的需求层次明显更为丰富。在生活中的很多方面，消费者虽然对产品有某种强烈的欲望，但由于种种原因没有明确地显示出来，这就是潜在需求。消费者清楚自己想要什么，只是他们自己没有意识到，或者只停留在欲望层面而不会将其清晰地表达出来。创新驱动模式强调通过发掘消费者的潜在需求，甚至为他们制造需求，以技术创新和设计创新为手段开发具有高度创新性、独特性和体验性的新产品。在市场竞争激烈的今天，创新驱动模式无疑是最具吸引力和挑战性的。

（一）消费者潜在需求的特征

1. 主观性

潜在需求的本质是一种心理活动，是消费者受某种生理或心理因素影响而产生的与周围环境的不平衡状态，存在于潜意识之中。这些需求不会自动显现出来，而是通过消费者的行为间接表现出来。对于产品设计师而言，需要具备主动发掘潜在需求的意愿和能力。

2. 并存性

由于是心理活动，潜在需求形态不具有显现需求的严格指向性。它既可能是生理层次的潜在需求，也可能是自我实现层次的潜在需求，更多的还是两者或多者的并存。在一定时期，某种潜在需求占据主要地位。对于产品而言，消费者具有多层次的需求，这些需求可能是相互关联的，也有些是不存在直接联系的。

3. 转化性

潜在需求的实现过程为"潜在需求导致购买动机—产生购买行为—需求满足—出现新的潜在需求"。这种转化是在潜在需求和显现需求间发生的。在消费者使用新产品的过程中，由于旧的使用方式和习惯被打破，新的体验产生，随之而来的是新的不足和预期产生，因此设计师能够在这个过程中发掘出新的产品概念。

（二）采用创新驱动模式应重视的内容

企业在产品开发中采用创新驱动模式时需要特别重视以下五个方面。

1. 发掘潜在需求

潜在需求的发掘不是工程师通过技术研发能解决的，而是产品设计师通过充分的用户研究而解决的。因此，产品设计师需要对消费者的生活方式、操作习惯、心理预期等多方面因素进行细致入微的观察，并通过合理的分析挖掘出隐藏在消费者行为之下的需求。设计师个人的观察与思考往往会陷入一种定式，因此也需要与其他人进行大量的沟通和交流，以活跃思维，打开思路。

2. 创造新需求

需求产生于具体的场景与事件，适用于多种场景的产品往往更容易产生新需求，因此产品设计师为消费者创造新需求必须通过打造具有平台性质的产品来实现。

3. 创新是项目的重点

不管是发掘潜在需求还是创造新需求，其重点都在于创新，包括概念创新、技术创新、形式创新等。概念创新旨在为用户创造新的场景、新的体验、新的消费观念等；技术创新旨在开发新的、更具竞争力的技术解决方案；形式创新旨在设计出具有开创性的形态语言、符号乃至风格，能够代表新时代产品的风貌。如果不能做到这些，那么创新驱动模式就失去了存在的意义，企业也难以在激烈的市场竞争中保持领先地位。

4. 整合创新思维

在当今时代，除非出现技术上的革命性突破，否则很难出现与现有事物完全不同的全新产品。整合创新的网状思维不同于技术创新的线性思维，必须以用户的需求为推动力，这也与创新驱动模式的核心思想不谋而合。通过对用户、产品、技术、环境、事件等要素之间联系的分析，整合技术。

5. 团队人员构成

开发团队中要形成"设计师思维"的共识；市场部门、技术研发部门和设计部门需要进行良好的沟通协作，以并行的方式进行项目开发工作，特别是在概念生成阶段，必须充分打破思维定式。因此在人员构成上，必须形成以设计师为核心的项目团队，项目负责人进行扁平化管理，设计师根据市场人员和技术人员提供的信息，应用创新方法提出新的概念，概念一旦评估确定，则全部开发力量要围绕实现概念来运转，才能保证最终落地的产品在方向上不出偏差。

采用创新驱动模式能够帮助企业开发出具有极高创新性的产品，开创新的产品类型，在市场中形成轰动效应，占据更大的市场份额，同时提升企业的品牌价值和竞争力。对于具有较强研发能力的企业而言，这是冲出低层次市场竞争的最佳模式。但是创新驱动模式的开发成本较高，管理的难度也很大，要求企业决策者和项目管理者本身就具有很高的业务水平，同时在开发过程中始终保持敏锐的洞察力，把握开发方向，协调技术人员与设计人员的工作进程。另外，这一模式的风险较大，一旦项目失败对于企业的影响也很大。

第二节 产品开发的一般流程

一、产品开发的流程概述

流程即通过不小于两个的业务步骤以达到完成一个完整的业务行为的过程。在国际的标准化组织中,流程是由一组相关的活动组成的,这组活动起始于输入,终止于输出。输入和输出都可以是一个或多个。所以简单来说,在一家企业中,业务流程就是指一系列可以为客户创造价值的活动的组合。流程就是跨部门、跨岗位的工作流转的一个整体过程,是一系列可以测量的活动的集合,这些活动发生的时间以及地点也许会有所不同,但是它们都有明确的输入,再就是能够为目标定制客户和市场产生既定的输出。流程是一组作业,这组作业的输入需要外部资源的投入,同时也需要内部人员的投入。输出包含内部的输出和外部的输出两个部分,内部的输出是指上一个流程对下一个流程的相关工作人员提供的产品,外部的输出是指为客户提供产品以及相关的服务。总之,流程就是指具有两个及以上的活动,并且这些活动之间存在输入输出关系,同时又具有目标性的一个整体过程。流程的特点是可以根据实际情况进行调整,具有动态性。

产品开发的流程是指在开发过程中,从构思到输出产品各项活动安排的程序。它不仅是一个过程,也是一种连续的、有序的、形成固定模式的活动。这种活动以特定的方式发生或进行,以达到预期的结果。流程将输入信息转变成输出产品的过程以及在此过程中各产品要素间相互影响、作用的活动。流程的串联过程,就是将输入、过程、事件时序的排列、输出、结果等要素联系起来。

(一)产品开发流程的演变过程

产品开发流程的演变过程可分为以下四个阶段。

第一个阶段。产品开发没有流程可以参考,是一个无序的状态,一般都是非正式的、比较灵活的状态,产品开发过程得不到监控,成功率较低,产品开发成功与否完全靠人治管理,没有经验传承。

第二个阶段。研发阶段有了基本的任务跟踪,项目管理的责任大多由职能部门承担,研发成功率有了较明显的提升。与此同时,由于没有明确的流程制度和岗位职责,跨部门间的协同意识较差,沟通成本较高。

第三个阶段。基于对企业经营的思考，跨部门沟通频繁起来且更加顺畅、有规则，产品开发周期明显缩短。在这个阶段，项目管理的雏形逐渐形成，但在流程的制定和如何有效管理项目方面，存在很大的挑战，是一个充满探索的过程。

第四个阶段。产品项目管理进一步得到完善，能够与产品规划及技术实现策略形成互动，可有效缩短产品开发周期和提升企业的运营效率，助力企业取得更大的收益。项目管理流程逐步搭建，经验进一步积累，形成了较为丰富的管理理论。

（二）产品开发的流程解析

产品开发模式的选择受到企业文化、总体开发策略、资金、管理、市场等多方面要素的影响，但总体来说是接近战略层面的。从技术层面来说，产品开发是非常具体且包含诸多环节的创造性活动。因此，其是依照一定的流程有序展开的，唯其有序，才能保证产品的最终落地实施。

在讲解产品开发流程之前，有必要对串行与并行两个基本概念进行了解。串行与并行这两个词常用于计算机领域，在产品开发过程中，串行是指开发过程的各个职能任务按照一定的逻辑顺序依次进行，而并行则指这些活动是按照相互影响、协作的方式进行的。

串行，也称为流水线加工，是指通过将整个生产过程分成多个连续的阶段，将产品分别加工、处理、运输等，每个阶段各司其职，不停歇地进行生产，从而加快生产速度，提高生产效率的一种工程模式。具体而言，串行工程可以分为以下六个阶段：①需求分析阶段。确定产品的需求和功能，为后续的开发工作提供任何清单和工程规范。②设计阶段。根据需求制订产品的设计方案，包括选定合适的工艺和技术路线。③制造阶段。根据设计方案进行加工，制造出产品原型。④测试阶段。对原型进行功能性测试和性能测试，确定产品是否符合设计要求。⑤修订阶段。根据测试结果修订产品设计，重新进行制造和测试。⑥发布阶段。最后将产品发布，交付给客户。在串行工程中，每个工作阶段只要完成自己的任务，就可以按照先后顺序传递给下一阶段进行处理。并行是通过对产品开发的过程进行分析，科学地将部分开发过程进行系统集成及并行设计的模型。流程的并行设计中，产品设计师需要在产品设计初期就考虑到产品设计过程中不同阶段的相互关系，如生产成本、产品质量、产品功能、开发技术等。这并不是一个环节就可以实现的，而是需要不同部门之间的相互协助、合作，需要自上而下地整体考虑各环节之间的协同关系，并在各部门负责人之间建立有效沟通和信息交流的通道。产品设计师应在产品设计的初始阶段就察觉到将来可能会发生的风险并及时规避。同时，产品生产的可行性和工艺性等方面也可在新产品的设计阶段展示出来，以此减少不必要的重复和修改，避免冗余环节。在产品设计环节中需要整合几个关键因素——定义、标准、框架、市场以及生产侧的能力，才能以高标准的品质和效率完成产品生产。为把控整个项目的进展程度，应将项目按照工作内容进行分类，分派给对应项目团队处理，并以一定周期收集进度情况和项目小结，对遇到的问题及时进行解决和处理，从而减少修改次数，缩短上市时间。产品并行开发流程具有以下特点：①工程开发的并行特点。产品并行开发要求开发组成员从全局考虑，面向全流程。在整个流程中都应考虑到后期过程中运行管理的方便。②有序并行性。并行开发的重点是对产品开发过程的各个阶段进行分割和细化，使得各团队在这个过程中可同时工作。③群组协同性。并行开发确保了位置不同、组织架构不同的成员和小组的信息同步性，使参与产品开发的每个成员都能收到最新信息。④面向工程的设计。一个产品的开发从最初想法的诞生到产品的生产，再到产品的市场投放，是一个完整的过程。因此，产品并行开发流程是一个面向过程和对象的过程。⑤利用计算机仿真技术。合理利用计算机仿真技术，不仅提高了产品设计的成功率，减少了重复流程，同时减少了人工成本。

串行的方式简单明了，在开发低技术、低创意度的产品时具有高效的优势。在管理上也比较简单，但是在面对较复杂、创意度较高的产品时就显得力不从心了。产品在最终的测试环节一旦有问题，那么就只能层层前推，找出症结，然后重新进行设计流程。

并行的方式强调协同关系，在开发过程中各要素、各职能之间要做到匹配，在开发高技术、高创意的产品时有明显的优势，且不容易出现整个项目返工的情况。但这种方式对资源的配置、管理人员的管理水平有较高要求。

需要注意的是，串行与并行产品开发流程的使用在一个项目中并不是绝对、单一的，无论是在整个开发流程上还是在阶段性的工作上都可能同时存在。

（三）产品开发的流程

产品开发流程是在企业层面战略的指导下，将新产品创意通过一系列开发、预测和控制程序转化为最终的营销计划的一系列过程，关注的是新产品思想成功地转化为市场上的产品的过程中企业所必须开展的全部活动。一个企业的产品开发过程包括提出产品的构思、对产品进行设计、将产品推向市场的基本流程和活动。相较于一般的业务流程，产品开发流程的参与主体更多，流程中的耦合和环路更多，因而流程也更复杂。对不同类型的产品开发流程的思路也具有各自的特点。

新产品在实际的开发过程中涉及极为广泛的领域，诸如从新产品的开发决策到产品的技术以及美学设计，最后到开发样品的验证和新产品的预生产，我们可以看到企业要同时具备足够的市场调研能力与技术知识储备，要不断学习新的技术，也要通过先进的管理方法来实现。企业新产品的开发需要不断摸索改进，起初很可能没有统一的流程，而且都需要分阶段、分步骤。这一过程的宗旨，永远都是要满足市场和客户的需要。

产品开发流程通常包括以下五个阶段。

1. 项目确立阶段

产品开发的前期阶段是项目确立阶段。通常，在综合评估前一代产品的优势和劣势的情况下，一个优秀的新产品体系是将市场需求、开发能力、产品需求等要素进行整合，进而根据输出的内容确定的，整个过程属于一种正反馈过程。同时，这一过程受多方面因素的共同影响，包括新产品定义、市场锚定、投入成本等。

产品定义步骤细化产品概念的定义，并确保团队真正了解客户的需求。通常设计团队在此阶段组建，团队对新产品概念的技术、市场和业务方面进行首次详细评估，并确定关键特征。这一阶段通常涉及通过开发一个简单的产品原型对产品的市场适用性进行初步反馈，如果产品是成功的，那么就证明概念与产品高度契合。

2. 产品设计阶段

产品定义设计一旦在项目确立阶段评审通过，那么新产品的设计工作就会移交给产品设计部门的方案组，该小组负责制订完善产品设计方案。首先，设计方案需要确定产品开发类型，是开发一个崭新的、前所未有的产品，又或者是基于原本设计优化升级的派生产品。其次，需要事先确定产品的规制信息，但不限于产品的尺寸、配套的硬件参数等产品信息。明确好各种信息数据后，就可以进入下一环节了。

这一步要求团队制订详细的业务计划来证明产品开发投资是合理的，通常涉及深入的市场调研。该阶段需要探索新产品的竞争格局以及产品在其中的合适位置，同时还应为新产品创建一个财务模型，对市场份额进行假设。产品开发流程中的这一阶段至关重要，拥有了可以向客户展示的原型。此阶段结束时能够了解正在设计的产品是什么样子，降低了新产品的市场风险。

3. 详细设计与检验阶段

新产品要通过系统严格的检测，合格后才能投入市场。在详细设计与检验阶段，生产部门会将产品各部件进行加工和检验。在企业中，通常需要使用一定规模体量的样品进行系统的组合和检验，才能做出相对准确的阶段性测试验证。也恰恰由于在开发流程中引入了这一过程，故需要不同部门共同沟通协作，在此过程中，各阶段相关人员需要不断互动交流，才能确保产品面市时的质量是过关的。当产品阶段性测试结束，产品各项设计参数符合规定的设定标准，且被测试体系接受时，这一阶段即完成。

详细设计阶段涉及产品设计、确定产品的整体结构和尺寸以及最终整个生产系统的布局。多数情况下，这个阶段开始对原型进行测试，通过获取客户的反馈信息并将其整合到原型中，对产品进行迭代。同时，营销、销售和制造平台开始创建以支持新产品。

验证/测试是确保所有的产品设计输出满足设计输入要求的试验。检验阶段主要由新产品试制、试制评审、技术文件定型、小批试生产等几方面构成。这是产品上市前的最后一步，意味着要确保原型按计划工作，同时站在客户和市场的视角验证使用产品。

4. 量产阶段

产品详细设计与检验阶段结束后进入量产阶段。在本阶段，企业一般会采用小批量的试生产产品的方式。随着产品投放市场后，产品生产量会随着产品生产能力的逐步提高，根据市场销量进行调整。

这个阶段的目的是通过更大数量的试产，验证产品各方面的功能的同时从制造的角度来分析是否需要进一步优化来确保量产的效率以及良品率是否满足预期，进一步保证生产的稳定性。这一阶段往往由生产部门主导，由设计工程师跟进共同确认。

5. 市场投放阶段

量产时，由品质部门严格把控进出货的品质，并由销售部门销往预先决定的场景。在市场投放阶段，团队需要准备好将最终产品推向市场所需的一切。

经过以上五个阶段的工作，产品开发项目基本结束，新产品可以满足大批量生产的需要。

二、产品开发的流程管理模式

产品开发流程管理的主要对象，毫无疑问是新产品。为了更有效地管理并将这些立项时的既定目标化为现实，大多数企业都会利用专业的管理模式及开发流程。我们可以看出产品开发项目归根到底也是一个项目，终究需要根据不同的周期，划分成一个个不同的阶段，进一步按照每个阶段的特点再进行细分。产品开发流程管理是企业在开发产品的过程中能够按时保质地交付成果的保障，同时从中积累的经验亦能为今后从事与之相关的开发工作或是承接更大的开发项目起到一定的引导制约作用。

目前主流的产品开发的流程管理模式主要有四种，包括职能式开发管理模式、产品及周期优化模式、集成产品开发模式和门径管理模式。

（一）职能式开发管理模式

职能式开发管理模式是指按照项目类型进行管理的开发模式，产品结构通常单一，职能部门按照各自的职能承担开发工作中自己所擅长的那部分。除此之外，包括总经理在内的各阶层企业管理者只需对职能部门实施引导管理操作就可以及时地对产品开发过程中出现的问题以及部门矛盾进行调节。该模式的优点是当各部门协商不一致或者对于项目方针难以统一时做出快速的反应，有时可通过自上而下的决策解决问题。然而，当项目按照既定流程发展下去时，往往很容易出现因跨部门而引发的责任不明确的问题，从而导致涉事部门之间相互推卸责任，造成各部门之间缺乏横向管理的困境。所以说，职能式开发管理模式仅可在一些组织框架简单、一目了然以及产品结构不复杂的开发过程中使用。

职能式开发管理模式因为是按照职能来进行工作划分以及统筹的，所以当遇到交叉工作时会造成各部门之间的职责划分不清晰，降低产品研发的效率。并且该模式对领导者的专业技术要求比较高，如果一个领导者不懂得技术，那就很难发挥该模式的优势。

（二）产品及周期优化模式

产品及周期优化模式是由培思（PRTM）咨询公司于1986年提出的。1992年，《培思的力量》（*The Power of Product and Cycle-Time Excellence*）正式出版。在此之后，许多公司将其理论付诸实践，用于改进企业产品开发流程。仅PRTM咨询公司就曾协助140多家公司进行了相应的实践。1995年，美国各公司投资的研发费用约1000亿美元，其中利用产品及周期优化模式的部分占150亿美元，是总投资的 15%。可以说该模式对当代企业的项目管理有着指导意义。PRTM 咨询公司提出产品开发是能够加以完善改进以及对其进行科学合理的管理的过程。企业应界定产品开发和实施过程以确保该机构的利益攸关方对如何在促进项目方面进行协调与合作有共同的理解。在该模式下，项目各部分纳入一个整体的逻辑流程，需在一个公共决策流程中予以管理，这样一旦出现问题就必须通过整体协调的方式来解决，而非各自为营的零散模式。产品开发项目团队与管理层应建立一个独立的专有组织模型（也称为基本团队模型）。产品开发团队需要有一名授权的项目经理和若干多技能的成员，管理人员需要依靠产品批准 / 管理委员会的协助做出重要决定。

产品及周期优化模式是一种用于产品研发的参考模式和概念。该模式主张新产品是可以不断被优化的，比较适合产品研发需求明确且本身已经具备一定研发流程管理能力的企业。企业在产品开发的实施过程中采用产品及周期优化模式时，应重视以下七个要素。

①阶段评审决策。在产品及周期优化法中，产品的开发进度是由产品的决策流程所推动的。简单来说，必须在特定时间内完成开发目标，才能顺利进入下一阶段。而在项目最起初的阶段，往往决策的内容是开发怎样的新产品，决定产品的开发需要提供怎样的资源。这个过程也是在不断筛选产品创意，所以阶段评审决策通常由企业的高层来决定。只有通过了阶段评审决策流程，才真正确定产品的开发已在企业的规划中，而此时项目部才可以提交产品的开发计划，进一步推进产品的开发项目。

②核心小组模式。核心小组模式是指建立一个跨职能的核心小组，小组成员一般为 5 ~ 8 位管理层。如果按照传统的职能划分进行项目推进，往往容易发生协同工作效率低、各部门间责权不清晰等问题。所以需要建立跨职能的核心小组，每位小组成员都肩负各自的职能和任务，同时又是沟通各部门的桥梁，不断引导项目推进。

③结构化的开发流程。在产品及周期优化模式中，明确了开发流程的结构性。例如，产品开发的内容、产品开发的节点、产品开发的先后顺序以及各种流程之间的关联性。一个大的产品开发周期，会由不同的主要步骤组成，而每一个步骤又可以细分出更具体的步骤。所以结构化的开发流程使项目更可控。

④开发工具与技术。企业应充分利用各种开发工具和设计技术来提高产品开发的效率。在产品及周期优化模式中，并没有明确地定义新工具或者新技术，其关注的焦点是产品开发过程中工具或技术的匹配及融合程度,强调运用的时机和通畅。

⑤技术管理。技术是一家企业的核心竞争力，产品的开发成功离不开技术的支持。在产品及周期优化模式中，技术管理作为产品开发流程的重要一环，对企业起着至关重要的作用。

⑥产品战略。在做产品开发决策之前，首先要制定产品战略。产品战略包括但不限于产品类型、产品特性、产品和竞争产品之间比较的优势、产品运用哪些技术等。此流程定义了产品的开发方向。在产品及周期优化模式中，将产品战略流程作为要素之一，可以确保产品与企业战略保持高度一致，也可为产品审批委员会提供决策依据。

⑦管道管理。管道管理是指通过对项目管理、职能管理以及产品战略的整体把控，合理地分配人力资源、物力资源、财力资源等。企业应为各跨项目资源管理和项目优先级提供一个明确的操作框架，以保证开发管道的平衡以及性能的最优。

（三）集成产品开发模式

集成产品开发模式是受到产品及周期优化模式的启发而被提出来的一种开发模式，其基本逻辑是利用产品开发做出投资决策，通过预算管理项目，重点是对产品开发投资组合进行有效分析，在开发过程中设立检查点，并通过中期评估确定项目是否会继续、暂停或改变方向。开发新产品的目标必须以市场为基础，其需求始终是这一过程的第一步。大量采用异步开发（并行产品开发）模式，也就是说，按照传统的方法进行的活动是平行的，甚至早些时候也是通过非常严格的前期规划进行的，从而缩短了上市时间。对于那些具备高强度管理制度以及所开发新产品需要更为复杂的平台作为支撑的企业，可以使用集成产品开发这一开发模式。

在集成产品开发模式中，产品开发一般包括以下六个阶段：概念阶段、计划阶段、开发阶段、验证阶段、生产阶段、品类阶段。

①概念阶段。概念阶段是对产品的基本功能、外观、价格、服务、市场销售方式、制造等基本需求进行定义的阶段，这个阶段主要制定产品的需求说明书。

②计划阶段。计划阶段制定产品规格说明书，确定产品的系统结构方案，明确产品研发后续阶段的人力资源需求和时间进度计划。

③开发阶段。开发阶段是根据产品系统结构方案进行产品详细设计，并实现系统集成，同期还要完成与产品制造有关的制造工艺开发。

④验证阶段。验证阶段进行批量试制，验证产品是否符合规格说明书的各项

要求，包括验证产品制造工艺是否符合批量生产要求。验证阶段后期还要向市场和企业生产部门发布产品，并经历产品产量逐渐放大的过程。

⑤生产阶段。生产阶段对完成开发的产品进行批量销售和生产。

⑥品类阶段。品类阶段则对即将退出市场的产品进行各种收尾工作。

集成产品开发模式是一种先进的产品开发模式。国际商业机器公司（IBM）和华为均运用此模式大获成功，不仅缩短了产品研发周期、降低了产品研发成本，还大大提高了跨部门的协同工作效率。IBM曾在市场竞争中遭受巨大挫折，之后经过分析发现自身在研发费用、成本管控和周期等方面远落后于竞争对手。IBM通过运用科学的方法，重组流程和产品，以此提炼出了集成产品开发模式，实现了从亏损到盈利的巨大改变，成功地缩短了新产品的研发时间，降低了新产品的研发投入，同时大大提升了新产品的质量。在国内，华为和海尔是运用集成产品开发模式最成功的两家代表企业。这两家企业通过集成产品开发模式的上线运用和优化，将产品开发流程具体分为概念设计阶段、计划阶段、开发阶段、验证阶段和生命周期管理阶段，通过建立高效的市场管理和产品规划历程，规范和完善产品开发流程，完善研发项目管理机制和研发人力资源管理制度，优化研发组织结构等，紧跟市场和客户需求，加强跨部门之间的协作，提高资源使用效率，帮助公司提升产品开发效率，缩短新产品的开发周期和降低开发成本的投入。当新开发的产品具有较高的技术复杂度、企业管理能力相对成熟的企业运用集成产品开发模式，可以使企业在体系方面具有全面的竞争优势。但是这种模式要在大型企业中才能最大限度地发挥优势。

（四）门径管理模式

门径管理模式是一种产品开发流程管理的模式。门径管理系统研究制定了一套全面的系统程序，用来提高新产品在开发阶段的完善程度，也就是对质量的优化。对产品开发过程中的任何一个流程做出相应的取舍是一个必经的道路，能够实现彻底消除浪费额外的无价值产品资源的现象，并确定多种产品的优先次序，充分发挥出企业的资源组合特性。这种模式对那些相对不复杂以及面临极大市场风险，随时就会对产品的版本做出改革的企业来说是再适合不过的了。

"阶段Stage"和"关卡Gate"是门径管理模式的核心，其中阶段又能划分为五个小阶段，而每个小阶段之前都会设置一个相应的关卡。关卡需要对每个阶段进行管控，并且起到决策和质量监控的作用。在产品开发流程管理中，关卡可以起到对产品的质量进行管控的作用，所以关卡的三要素也可以归纳为检查项目、规范标准、阶段产出。企业要根据产品开发的特点，实施多阶段或适当缩短开发阶段。典型的门径管理流程包括五个阶段以及五个关口。第一阶段是产品需求确认阶段，这个阶段是发现市场需求的阶段，确定产品开发的方向；第二阶段是项目立项阶段，即待开发的产品获得批准立项，再投入资源，组建研发团队；第三阶段是设计与开发阶段，即研发所需产品投入生产设备，确定生产计划、生产工艺，最后交付样品；第四阶段则是检验并改进阶段，该阶段旨在检验产品的性能和功能，确保是否符合产品需求，质量验证后投入生产；第五阶段即上市阶段，将产品投放市场，同时跟进产品销售和市场反馈等。在门径管理系统的每个阶段中，每一个部门和每一个项目参与者都根据流程的规划在执行不同的产品开发活动。每个阶段的长度取决于项目的时间表和产品的实际情况。项目经理及成员必须针对每个阶段的活动，收集必要的数据，并评估项目阶段完成前的水平。所有阶段的活动都是产品开发的主要阶段，如何具体划分不同的阶段需要每个业务和项目经理根据项目管理的经验和方法确定。

在开始一个产品开发时，最先进行一个构思的筛选，研发部门会在会议上讨论各自的产品开发构思。之后就会进入第一阶段。

1. 第一阶段——产品需求确认阶段

在这个阶段之前，市场部需要对市场上的产品信息进行收集，在市场调研的基础上进一步确定或者刻画出市场需求。在第一阶段，研发部门会根据市场需求进行产品开发的可行性分析，从技术可行性及资金可行性两个方面进行分析并进行产品开发方案的筛选。通过关口进行审核，决定产品的开发项目是否开展。如果确定项目开展，则进入第二阶段。

①发现——创意生成。创意是产品开发过程的营养或触发器，可以打开或破坏系统。不要期望在开发产品的过程中能够克服新想法的缺陷。好的想法落地需要一套合理的流程辅助。如果你想要一个伟大的想法，它必须伴随着大量其他的创意的淘汰，这意味着你必须有伟大的想法，而且得有很多伟大的想法。在这些充满创意的池子里不停地筛选，最后选出最有价值、最适合企业发展的产品创意。

②关口1——创意筛选。创意筛选是分配项目资源的第一步，项目诞生于决策点。如果经过关口1的判断筛选结果为合格，那么承接流程会进入确认范围或初步调查阶段。因此，关口1意味着对该项目进行初步、临时承诺，就像闪烁的绿灯。这个通道是一个"温和的过滤器"，相当于把筛选的项目限制在一些关键

规则必须满足的条件下。这些指导原则被用来解决战略协调、项目实现、机会规模、市场吸引力、产品优势、企业资源利用能力和企业政策适应性等问题。

③关口2——二次筛选。产品项目从关口1进入关口2后，在某种程度上，关口2是一个更严格的筛选过程。这个关口的含义和关口1很像，但是结合第一阶段的新信息，需要再一次评估项目。如果在这一次的关口审核中结果是合格，项目将进入下一个阶段，意味着企业会投入更多的资源。

确认产品的领域范围和相关信息是第一个阶段的工作，也是成本较低的一个阶段，目的是明确项目所需的配套技术和该产品上市后的市场价值。第一阶段将迅速确定项目基本情况和规模，涉及分析和情报工作的项目内容，但是很少或不会涉及主要的研究开发工作。市场初步评估工作也是第一阶段的内容，包括很多低成本的行为，包括搜索互联网、访问图书馆、内部信息，与卖家的会面，与关键用户的接触以及对一些潜在客户的快速概念测试。

2. 第二阶段——项目立项阶段

在这一阶段，市场部和项目部以及技术部进行立项评审，将市场需求进一步转化成产品开发的要求。在确定产品要求之后，开发计划和项目经费等就很容易明确了。在关口3审核通过，即可进入产品开发阶段。

这一阶段是调查的具体阶段，它清楚地定义了产品，并确认了项目在设计投入大规模支出之前的吸引力。

关口3——进入开发。在展开花费巨大的全面开发活动之前，关口3是实际开发阶段之前的最后一个极关键的关口，是决定项目能否顺利开展的最后一个控制关口，因其地位重要，也被企业称为"资金关口"。一旦通过了关口3，企业财务上的项目资金投入承诺就将实际开展。

3. 第三阶段——设计与开发阶段

此阶段需要遵循之前调研的市场需求以及产品要求，在此基础上由项目经理和技术人员充分参与，最后完成初步的产品设计与开发。通过测试之后就进入第四阶段——检验并改进阶段。

该阶段是为实现产品上市而实施的全面开发阶段。这意味着项目的技术人员在交付原型和测试产品方面做了必要的技术工作，供应和操作问题得到了解决。关于服务类产品，最终确定特定类型的服务，在这一阶段将制定业务步骤和标准的客户交付程序。这一过程是整个流程中的关键流程，也是耗时最长的流程，通过对开发阶段的不断优化，既可以提升产品的开发效率，也可以缩短产品的上市时间。

关口 4——进入测试。关口 4 作为对开发阶段的审查，旨在测试产品和项目。回顾和审查开发工作，以确保开发工作顺利完成，确保产品实现期望值，满足客户的需要，并得到客户的积极反馈与市场的认可。

4. 第四阶段——检验并改进阶段

此阶段最重要的就是不断调试、多次确认该产品是否满足产品预期要求，包括客户使用感、产品外观设计视觉感受、产品各方面性能等。待以上测试全部通过才可确认新产品的最终版并着手进入下一阶段——上市阶段。

此阶段着重对项目进行测验，包括产品性能、生产或使用过程、客户对产品的可接受性和项目的经济状况。许多活动将在第四阶段进行，这一阶段是将开发出来的产品进行正式大批量投产前的关键环节，关系到产品是否可以如期量产。

关口 5——准备上市。关口 5 为上市销售商业化把关的关口，也是产品计划准备批量生产的关口，这是最后一个仍然可以取消该产品上市的决策点。这一关口主要是解决检验并改进阶段的数据是否有利，是否满足开发的期望值，成本经济型如何等。关口 5 为产品全面上市做好了准备，也是产品投产的最后一次审查。

5. 第五阶段——上市阶段

在这一阶段，企业将根据产品特性的不同着手上市前的准备。例如，新产品宣传、市场策划、产品生产、客户服务以及技术支持等。投放市场后，市场部也要及时进行市场信息的反馈及跟进。

这一阶段主要是生产加工和市场规划的内容，包括制订市场营销计划、物流渠道就绪、生产设备采购的安装和使用等，同时销售活动也开始了。在此阶段除非发生突发的预想不到的情况，否则产品会如期生产，并按照既定计划投放到市场中。

以上五个阶段即为一个完整的门径管理模式的流程。在这个过程中需要多部门协同合作，这样才能确保产品开发过程中的产品质量有保障，并且能有效降低产品开发的风险，进一步提高产品开发的成功率。因为门径管理模式科学有效，所以在很多世界著名的企业中深受欢迎。

门径管理模式对门径关口的决策以及组合化管理给予了足够的重视，它还特别强调了产品开发与产品营销学之间的联系。因为门径管理模式的理念是建立在企业的对外有效营销之上的，也就是在投放市场之前的营销宣传，反过来说也就是产品的设计理念，完成产品的价值要通过市场来实现。因此，我们也可以总结出企业应当从最初的阶段也就是概念设计阶段就将市场营销以及产品定位作为最基本的指导方针，由此来确定产品目标，制定企业产品开发宏观与微观战略。毫无疑问，我们可以看到门径管理模式的精髓或者核心，就是由企业流程设立于各个阶段之间的那些关卡。门径管理模式将各个阶段联系起来，有效地控制整个项目，并发挥决策和监督的作用。每个步骤之前都有一个级别，该级别是通过消除的关键决策点，每个步骤必须完成后才能进入下一个步骤，然后才能将该级别标记为通过。要做到这一点，企业必须在开展任何工作之前与各部门协调行动。

利用门径管理模式对产品开发进行管理，对每个输入口、输出口设置标准与管控，定义每个步骤和阶段的关键点、验收标准和交付物，可以充分利用企业现有的资源开发正确的项目，提高产品开发的成功率与效率。

三、产品开发的流程优化

流程优化是指在具体的条件约束下，通过对流程进行系统的研究，利用科学的优化方法找到最合理的适合本企业组织的运行管理的过程，属于流程系统性能指标。改善流程的思想源于质量运动，质量专家认为，好的产品与服务是通过流程设计产生的，只有管控好输入与流程，才能保障输出的品质，流程应处于统计控制状态，仅受随机因素影响。对业务流程进行根本的重新思考和彻底的重新设计，再造新的业务流程，以求在速度、质量、成本、服务等各项当代企业绩效考核的关键指标上取得显著的改善，使得企业能最大限度地适应以顾客、竞争、变化为特征的现代企业经营环境。

流程优化有狭义和广义两种。我们通常所讲的流程优化属于狭义的流程优化，主要通过相关具体方法来优化流程，只针对问题流程的具体问题进行局部调整和优化，找到最匹配本企业组织的工作方式和方法，属于局部流程的一次性改善行为；而广义的流程优化是指通过企业组织日常活动的优化，其中也包括狭义的流程优化和流程重新再造，以此来持续提升流程的效率和改进流程的相关活动的全过程。

企业的流程中如果存在企业调整了组织架构和企业组织相对稳定，但是使用的流程和企业的现状或需求不匹配这两种情况，企业就必须进行相应的流程优化，只有对流程做出了相应的调整，才能达到事半功倍的效果，使企业效率最大化。识别关键流程是做好流程优化的前提，只有抓住决定企业运行效率的关键流程，再逐步找出次级流程、三级流程，通过逻辑图把流程画出来，然后进行详细调研，才能确认企业的流程运行方式和运行步骤是否符合企业的指导思想。通过运用两个标尺，即最佳实践和管理思想去衡量每个流程，判别出哪些流程需要调整、可以清除哪些不必要的环节、可以简化哪些环节、可以增加哪些环节、可以合并哪些环节、自动化能优化哪些环节等。完成流程优化设计后需要进行模拟检验，把模拟检验中有问题的环节进行调整，以保障各流程的连贯性，最后就是导入与修正流程。

流程优化常常也会出现误区。例如，避重就轻，在没有找到支撑企业战略的关键流程下，还征求每个部门的意见，再根据不同人的意见来回朔流程并变更流程，这样由于存在不同的利益诉求，会完全丧失流程的规则，更会出现因信息失真，导致流程优化失败的情况。流程中最重要的部分之一就是信息，如果信息出现问题，如传递错误或延迟等，通常会使企业遭受巨大损失。

企业要想提升自身的竞争实力，完善产品的开发途径是关键。企业取得进步是一个综合系统提升的问题，在这套大系统中，产品开发流程的优化就是关键的一部分。企业管理人员的思想意识与企业产品开发流程的优化息息相关，随着企业管理人员的思想改变，产品开发流程也会发生变化。流程的优化是在不断适应企业的发展，更好地服务于企业的发展壮大。

随着科技的高速发展，产品生命周期不断缩短，因此企业不断地推陈出新越来越重要，已经成为很多制造型企业的唯一出路。尽管如此，一些企业仍在采用所谓的"最有效的产品开发模式"。企业不应放慢脚步，而应顺应市场和技术发展的趋势，采用适用于产品开发和产品开发过程的优化方法。

（一）产品开发流程优化的原则

流程优化揭开了流程管理的观念的序幕。每一家企业都有其特有的一套流程，无论是科学管理原则、目标管理原则、企业再造原则还是其他的管理原则，其模式都是一样的，一些好的做法和制度都会逐渐传播到大型企业中。

同样的道理也适用于流程优化原则。大型企业的流程大概率比小型企业的流程完善，因为大型企业经过多年的发展将当年的流程体系逐步优化，最终有了现在的流程。大企业的流程固然好，但好的流程并不适用于所有企业，并没有万能流程的存在。真正好的流程，是在企业现有流程的基础上进行针对性的优化，即综合考虑企业的产品开发现状以及在过去产品开发过程中遇到的流程问题，所以企业流程优化的原则一定是基于企业实际情况的，在此基础上借鉴其他经久不衰的企业的一些流程。

1. 树立流程观的原则

有序管理离不开好的流程，规则可以起到约束作用。树立流程观是原则中最重要的一点，也是流程优化能否见效的先决条件。树立流程观可以将原先的职能管理转变成流程管理，用流程来规范企业所有员工的工作，并且实时监督。流程是公开的、透明的，这样各个部门的信息资源都可以进行共享，将复杂流程进行简化。

2. 以项目为导向原则

建立跨职能部门的团队，每个工程师交叉参与不同的项目，最大限度地让各个部门协同开展工作。除此之外，不仅是将员工的工作安排以项目来划分，还要将每个项目所需的物料都分开归类整理。将所有资源进行分开管理，可以有效保障资源能够满足每个项目的交付需求，大大降低了项目风险的同时也提高了客户满意度。

3. 持续改进原则

流程也需要时间的推演，流程优化是一个动态的过程，这个共识需要传递给企业的每一个员工。企业应根据大环境或者其他因素不断地对流程进行调整以及优化，既要立足现状，又要在今后的企业发展过程中不断改进。

（二）产品开发流程优化的步骤

产品开发流程的优化可以概括为以下四个步骤。

1. 流程梳理

对现有的开发流程进行梳理，除了梳理现有的流程文档、流程说明文件等，还需要将过去开发过程中发生的一些状况进行梳理。流程上的漏洞未必会导致状况的发生，然而一个状况的背后肯定存在流程上的问题。

企业识别运营过程中存在的问题环节，是企业优化管理流程的第一步。企业面临的业务流程问题可能包括与模糊、低效、缺乏管理信息规划、物流流程分配有关的问题。企业必须首先诊断运营过程中的关键问题，并根据关键问题确定优化过程的目标，以便有针对性地优化业务过程。

在产品开发流程优化的初期，产品开发流程优化的倡议者或发起人理应以企业的战略角度为首要的出发点，对各式各样相关的产品开发流程进行进一步的考量。根据现有产品开发流程的实际情况归纳总结出详细步骤，并将此结论与实际参与项目开发的管理者进行核对。同时，也可以让管理者回顾企业的发展初衷，评价初衷与此结论是否一致。最后，根据实际情况总结企业产品开发过程的流程环节示意图，并分析找出现有环节流程中的问题，便于后续改进提升。

2. 流程分析

经过对现有开发流程的梳理可以发现一些流程上的问题或潜在风险。针对这些问题或潜在风险进行分析，通过各部门的沟通来确定下一步流程优化的具体细则，可以使新流程更具操作性。

对于现有产品开发流程，应当先熟悉各个环节，为此首先要采取周密的措施梳理和描述流程思路。可以利用门径管理模式快速检索流程的中心环节和出现的问题点，对于改善流程的整个过程来说，流程分析这一部分是重中之重，只有通过检索过程中最重要的问题，才能起到提高过程效率的作用。根据前一阶段确定的问题流程，将当前企业资源和战略状况相结合来考量，利用分析问题得出的结果，企业能够进一步审视管理流程中的阶段环节存在的问题。然后采用内部标杆瞄准法，找出不同时间段发生的同类项目的结果不同的原因，进而明确问题环节和流程病因。随后，在明确项目问题后，针对复杂重复的流程进行精简，针对缺少把关审核的流程增加关口管理，对相对风险低的小型项目进行权力下放，增加项目负责人责任制等。在整体流程设计中，优化后的流程突破了传统流程串联单线程的管理方法，优化后的总体流程图增加了分支子路线，根据产品项目的重要程度进行划分，力求以最优的方案解决最实际的问题。

3. 流程优化

在流程优化原则的基础上，听取各部门的意见和建议来构建新的开发流程。在流程优化的过程中会运用到产品及周期优化法、访谈法等。新的开发流程需要兼顾各部门的需求，并尽量提高协同办公的工作效率，使处于不同工作地的同事能够及时处理流程环节、不断推进项目进度。

当企业确定了计划的可行性和所有的资源投入，就可以开始实施流程优化计划。企业在执行流程优化计划的过程中，必须严格控制流程环节的输入信息、审查要点和输出信息。流程管理工具是一个评价优化工作的方法，能够及时监测执行过程中偏离计划的行为，并评估优化流程是否符合预期的结果。

将优化后的流程在实际产品开发中进行应用，根据新流程记录每一阶段所经历的事件与时间点，与原经营管理流程进行对比，分析得出优化后的流程对企业运营管理的改善效果。同时，当开始对新的改良的流程进行运行时，相关人员应注意观察运行过程中呈现的状态同时将其记录下来，评价产品开发效率、研制成本与产品质量是否提升，进而得出优化后的产品开发流程是否满足预期值。另外，优化流程变换后，要及时解决出现的问题，同时要注意保存相关文件避免丢失重要数据，对新的流程要有规范性的执行依据，注意保留相关记录。

4. 流程实施

新的流程在实施运行的前期需要不断优化和改进。流程的优化是一个动态循环的过程，需要实时更新、实时受控、不断优化改进。

为确保产品开发流程实施顺利且有效推广运行，需要配套保障措施，确保企业的新流程顺利实施开展。所以，企业需要配套相关的管理制度，企业高层应参与和重视，还要进行相应的宣讲和培训。通过多种手段，确保优化后的产品开发流程可以有效地实施开展，帮助企业走上正轨，最终提高产品的市场竞争力。

四、产品开发的流程实施

在搜集需求、设计开发流程框架之后，开发流程进入实施阶段。产品开发的流程实施分为三个阶段：沟通阶段、示范阶段和正式推行阶段。

（一）沟通阶段

沟通阶段的主要目的是向相关部门演示产品开发流程的框架，说明其优势和适用范围，获取反馈意见，对各部门的疑问、顾虑进行解答。首先需要完成本部门研发体系的规程文件初稿、主要文件的模板以及一份通用版的演示材料。由于新流程在组织跨部门协作和关口审批方式方面与现有系统审批的串行模式具有较大的差异性，可以采取小范围非正式沟通的方式而不是正式的多部门沟通会议，其优点在于更有利于达成一致的意见，而且能够有针对性地了解到职能部门对新流程的态度和一些非公开信息，如顾虑、批评性评价或利益诉求等。在沟通策略上，根据受影响的程度和权力两个维度的重要度来安排沟通的次序。

流程设计的根本目的是解决业务需求，因此流程首先在主要使用对象的研发部门内部进行研讨：先进行经理层级的沟通讨论，达成共识后再组织研发部门内的执行层员工进行宣导，然后进行部门间的流程宣导。质量部门负责企业规章流程的监管、审核，对企业整体质量管理体系负责。开发阶段的产品质量策划和产品质量认定有不可或缺的必要性，因此质量部门是部门间沟通的第一站。市场部门作为组织内部客户，是研发项目的发起人，提供了项目需求的主要输入。

（二）示范阶段

在沟通中，产品开发各相关部门虽然表示了支持，但并不代表各部门完全了解流程的执行细节，因此应选择示范产品开发项目进行试行。示范的目的是创造短期成效，树立成功模范，让项目成员熟悉新流程和自身角色工作，让相关方体会到新流程的优势，提升对新流程的信心。

产品开发示范流程应选择具有代表性、确定性较高的产品开发项目，能反映日常工作的特点，且项目有望成功完成。示范项目进行过程中，相关人员应不断收集各方对项目试行的意见，总结成功经验和改进建议，然后在项目关闭后启动一方质量审核，先由质量部门对项目进行过程审核，再由第三方质量审核机构进行审核，确保符合质量管理的要求。

（三）正式推行阶段

产品开发流程的示范项目完成后，首先应根据总结的经验教训和质量审核的意见，对流程细节进行讨论和调整，再分别落实到规程文件、项目文件模板或检查项中，然后将文件正式提交到文控中心。审批完成后正式发布，由此产品开发项目开始按照设计的新流程执行。企业可委派接受过系统性的项目管理训练并充分理解该流程细节的员工担任"教练"角色，对项目负责人的策划过程进行辅导、释疑和检查，以保证产品开发流程的顺利实施。

第七章 产品开发设计案例

产品开发设计的过程包含制造、检验等多个环节，任何一个环节都关乎产品的开发时间、成本及质量。因此，只有采取科学合理的方法对产品开发设计过程进行管理，才能有效缩短产品开发设计周期，降低开发设计成本，保证产品质量，从而实现预期目标。

第一节 手机产品设计

一、手机产品发展历程

移动电话的开发周期长达 10 年，1983 年，世界上第一台移动电话摩托罗拉 Dyna TAC 8000X 终于问世。随后的很长一段时间，移动电话都是围绕这台最早的摩托罗拉 8000X 的外观造型来进行设计开发的。1998 年，诺基亚推出首款具有换壳概念的手机，这标志着手机产品设计理念的开端，意味着设计策略从简单的外观设计转向开发其商业价值，但依旧基于造型外观的设计。此时，手机的商业价值得到了开发，手机的液晶显示屏和按键的娱乐性空间潜力被发现。

21 世纪后，手机产品迅猛发展。诺基亚公司开始对用户进行细分，推出的多款手机是以学生、商务白领、奢侈品购买者等不同使用人群的不同需求为出发点进行设计开发的。2000 年开始出现手机与相机的功能叠加，一部带后置摄像头的手机在日本问世——夏普 J-SH04。这款手机的问世，推动了各大手机厂商积极尝试和创新。2007 年第一代 iPhone 问世以来，苹果公司开发的一系列智能手机一直备受关注和追捧。苹果公司将具有不同功能属性但根本上作用于日常生活需求的电子产品组成系列，这一产品创新深刻影响了后面智能信息时代通信类产品的发展。

二、手机产品变化发展的原因

手机产品的变化发展主要经过以下两个阶段：一是技术的变化发展推动手机及其附加功能的发展，使手机的价值属性增加，技术的附加使手机引领用户需求。二是手机的附加功能给人们带来了个性化的便利，人们开始对手机产品不断提出更多新的个性化需求，技术使越来越多新的互动方式得以实现。技术作为手机产品的支撑引导用户需求，而技术提供可能性需求推动产品发展。随着技术的发展，手机产品操作面的附加价值被不断发掘出来。技术催生下，手机逐渐成为一个集合体，手机产品也不断产生新的功能和使用价值，人们对于手机的个性化需求逐渐变得更加明显，技术与需求相互促进。

三、手机产品设计方法

从三星和华为在手机行业率先推出的 5G 折叠屏智能手机开发设计流程来看，设计开发都以用户需求为前提，产品原型出来后通过用户体验发现问题，解决问题后再投入市场，之后再进行用户体验。优化手机产品的重要环节是市场与用户体验。

（一）准确的产品定位

根据典型案例分析，品牌开发产品的定位至关重要。对于三星与华为，重要的是快速将拥有的新技术转变为产品，强化技术领先的优势。反观同一年仍然推出 4G 手机且销售排行第三的苹果公司的做法则是稳步前进，保持一贯的高品质形象。销售成绩证明了这些手机产品定位的准确，开发设计的成功。是用新技术快速抢夺市场，还是基于成熟技术稳步前行，需要根据实际情况进行决策。

（二）创新概念的形成

企业为了存活和发展，必须对产品进行更新换代。创新概念的形成包括三种类型：①对旧产品的经验积累，产业技术升级后的需求；②考虑市场的需要和消费者的需求；③不同行业设计思维的交叉碰撞，产生出新创意。

（三）设计的过程

在产品开发设计的过程中，设计的理念始终贯穿每个阶段，材料、结构、外观以及原型等都是需要逐一解决的问题，解决这些问题就是设计的过程和体现。从本质上说，设计是一个问题求解的过程。

（四）用户体验的利用

产品设计最终面向的是用户，重视收集用户的体验数据，对新产品的完善和再次开发都有十分重要的意义。另外，良好的用户体验也会吸引更多的用户关注，所以很多企业都越来越重视门店体验方面的设计以及通过网络品牌建立与客户的紧密联系。在面向用户方面，通常有以下两种做法：一种是先收集用户信息、分析用户需求，然后根据用户需求对新产品进行开发；另一种是企业主导，开发新产品后引领用户体验。

（五）产品发布形式的设计

不管产品设计多么新颖，只有通过市场才可以检验其成功与否。一种恰当的发售方式往往会带来一个良好的开端，精心设计的发布形式可以极大地吸引大众的眼球，为产品在市场的投入创造更多的机会。

四、手机产品设计案例——以视障人士为例

（一）产品设计分析与定位

1. 目标用户定位

在此所针对的目标用户为视障人士，包含"低视力"和"盲人"两种。根据中国残疾人联合会发布的《中国残疾人实用评定标准》：一级为无光感≤最好眼的矫正视力＜0.02；二级为0.02≤最好眼的矫正视力＜0.05；三级为0.05≤最好眼的矫正视力＜0.1；四级为0.1≤最好眼的矫正视力＜0.3。其中，一、二级视力残疾称为"盲人"，三、四级视力残疾称为"低视力"。该目标群体在进行人机交互时，视觉仅能提供辅助信息，甚至无法接收信息。因此，需要更多的触觉以及听觉反馈来获得人机交互信息。

2. 产品功能定位

产品的执行功能为视障人士进行人机交互提供了基本的使用逻辑，同时也是本研究产品开发的意义所在。在产品的基本功能方面，针对视障人士的生理特征

对传统人机交互进行优化，弱化视觉处理任务，增强触觉、听觉使用频率。而辅助功能则涉及产品正常使用时的产品细节，以及交互方面的功能完善。软件需求部分同样作为产品的重要组成部分，主要负责协同 App 交互界面与产品交互界面之间的转化，维持产品的正常运行。同时，通过软件的运维可以为视障人士提供更多个性化定制服务以丰富使用者的情感需求。

3. 外观定位

设计无障碍交互产品需符合手部生理特征，风格简约、安全、稳重的同时摒弃强烈的机械感，优先考虑成本低廉、易于加工的结构工艺。色彩方面将白色以及浅灰色作为主体颜色，传达可靠、干净、简洁的情感感受。材料方面以聚碳酸酯为主体材料，在部分重要结构部位选择硅胶等材质辅助。在表面处理工艺方面，选择哑光、磨砂以及拉丝雕刻工艺，增加产品质感的同时保障产品基本功能的实现。

（二）产品设计实现

1. 产品外观探索

在完成产品设计分析与定位后，对本设计产品进行造型设计。课题组成员通过讨论汇总产品初期的产品架构和设计要素，对其进行优化细分以对产品设计实践提出方向与规范要求。依次包含灵感获取、草图绘制、方案优化以及最终定稿。

对现有视障人士无障碍辅助产品进行归纳与总结，针对智能手机、医疗康复产品、手部智能产品以及可穿戴智能产品等素材进行整理。同时，搜索各种结构造型、制作工艺效果等相关素材辅助获取设计灵感。

在进行设计灵感推演后，针对产品功能定位以及造型需求定位进行头脑风暴和草图绘制。通过手绘完成多种设计风格草图方案，并在此基础上进行筛选和论证。

2. 设计方案展示

经过前期头脑风暴、形态推演、草图绘制、细节推敲以及建立数字模型等步骤，已经形成产品设计的初步方案。通过 Key Shot 软件对最终的三维数字模型方案进行 CMF 设计并渲染得到产品效果图。

产品设计整体采用浅灰色为主体颜色，在提供他人协作功能位置将红色作为辅助强调色。整体造型简洁大方，使用亲肤材料保证产品亲和度以及形态优雅。

产品为智能手机外接辅助显示设备，智能手机则作为产品实控端。产品主体外部包含主体外壳、按键外壳、锁定键、音量键、3.5 mm 耳机接口以及 Type-C 电源接口。考虑到产品应避免易碎，在外壳上选用聚碳酸酯作为材料，其质地轻、易着色、强度适中且成本低廉。白色外壳经过哑光处理，为产品增加层次感与亲肤属性。同时，产品边缘全部采用倒角处理，避免产品结构对使用者的指关节产生压迫。

对于视障人士寻找物品困难的问题，产品背面采用磁吸式设计，可以通过使用带有磁吸功能的手机壳与智能手机连接，减少寻找负担。同时，产品可以为使用者提供语音交互功能，根据当前位置发出声音提醒，方便使用者寻找，提高视障人士使用产品时的便捷性。

在产品主体部分，共设计有 4×7 个对屏幕交互信息的映射实体按键以及语音交互激活按键和导航键。在使用产品时，使用者触摸实体按键，扬声器根据当前触摸位置发出相应的声音信息，在使用者寻找到目标按键后按下对应按键即可完成页面跳转。当使用者想要快速寻找当前页面中出现的某一信息时，可以使用语音按钮进行快速查找。同时，语音交互可以根据命令信息为使用者提供界面跳转、打开软件、更改设置等页面外功能。

在语音交互按键以及导航键上增加标识以及特殊纹理，方便使用者对特殊按键的快速定位。纹理选择简单的方向图标表示前进后退操作，便于使用者触摸识别。产品侧边按键同样采用纹理处理，音量键可以调节当前声音指令的音量大小，锁定键可以关闭当前界面的触摸功能，避免发生误触。同时，对锁定键进行红色编码，在有特殊情况发生时，锁定键可以提供紧急联系人以及报警功能。

3. 产品功能实现

为提高产品实现效率，加快开发进度，将根据产品需求进行产品原型机的开发，初步实现产品功能与控制方法。同时，通过产品原型机的开发评估所提出的理论方法是否合理。在软件开发方面，产品设计主要承担产品端功能开发，针对智能手机端、界面转化方法以及功能实现逻辑，不做深入探讨。图 7-1 为单片机端程序框架。

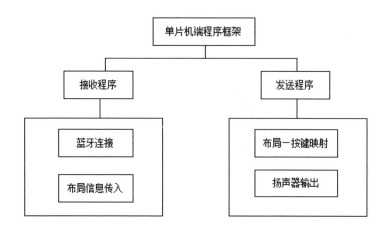

图 7-1　单片机端程序框架

　　产品程序工作流程如下：首先，系统完成数据初始化并开启蓝牙连接智能手机，接收程序接受手机侧发送信号并映射至目标按键。其次，通过触摸按键判定使用者操作指令，并通过扬声器模块发出对应指令信息。最后，通过触控按键判定使用者操作指令并将对应激发指令发送回手机侧完成交互任务。

第二节　吸油烟机产品设计

一、吸油烟机分类及特点

　　家用吸油烟机从外观结构上大致可分为四类：深罩式（中式）吸油烟机、浅罩式（欧式）吸油烟机、侧吸式吸油烟机和下吸式吸油烟机。

（一）深罩式吸油烟机

　　深罩式吸油烟机在现代家庭中应用得相对较少。其宽度 70 cm 左右，与双头燃气灶长度相仿，因为油烟是先扩散再上升，容易造成跑烟现象。但深罩式吸油烟机的罩面够深（深度达到 30 cm），烟即使一时间来不及处理，烟机罩内的烟也可拢住不扩散。但是，烹饪产生的油烟过大时，其效果则不理想。

（二）浅罩式吸油烟机

浅罩式吸油烟机的宽度普遍在 90 cm 左右，烟罩较浅，远看呈倒 T 字形，大多为银白色或不锈钢色，看上去比较美观。其吸油烟效果好，清洗方便，很受人民的青睐，是现有市场的主流产品。不足之处是浅罩式吸油烟机由于展面大，所能拢集的油烟比较多，但是罩面太浅，一般不超过 10 cm，如果是瞬间的多烟，很容易导致油烟来不及处理而扩散，影响效果。

（三）侧吸式吸油烟机

相对顶吸式吸油烟机而言，侧吸式吸油烟机的高度降低了。顶吸式吸油烟机的高度在 75 cm 左右，而侧吸式吸油烟机的高度降低至 20 cm 左右。但相对于顶吸式吸油烟机，侧吸式吸油烟机的外观很影响厨房的家居装饰。侧吸式吸油烟机离灶台近，优点是加大了油烟的处理效果。但同时也带来了负面效果，首先灶台的使用空间缩小了，炒菜颠勺，或是使用蒸屉都不行；其次，太近容易导致菜屑掉到侧吸式吸油烟机内，清洁难度加大。

（四）下吸式吸油烟机

下吸式吸油烟机只有吸油烟这个功能与近吸式吸油烟机、深罩式吸油烟机、浅罩式吸油烟机基本一样，是将一台近吸式吸油烟机倒置安装的产物。但下吸式吸油烟机却有与近吸式吸油烟机不同的特点：一是风柜下置，不碍眼，不滴油，不占空间；二是风机下置，电机与风轮发出的声音被围着的橱柜所阻隔，噪声减弱；三是烟管往下走，不影响厨房美观；四是与橱柜搭配很合理，显得更有档次；五是因噪声减弱，可以加大电机功率，吸力更加强劲；六是顶部可设酱料台，方便操作。

下吸式吸油烟机多集成于灶具之中，同时集消毒柜、碗柜于一体。下吸式吸油烟机有以下缺点：一是火苗离排气口非常近，很容易着火爆炸，非常不安全；二是很难搞卫生，像佐料粉、菜屑等掉下去非常难清洗；三是烟机吸气会带走大量的能量，浪费资源；四是价格非常贵，而且是燃气灶和油烟机及消毒柜的捆绑式销售。

二、吸油烟机的工作原理

空气动力学是吸油烟机研发和设计的基础原理。吸油烟机的工作原理是通过高速旋转的风轮在炉灶上方一定空间范围内形成负压区，使室内的油烟污染物被吸入油烟机内部，再经油网过滤和离心分离等方法对油烟进行分离，从而改善厨房室内空气质量。

智能吸油烟机产品融合了现代工业自动化控制技术、互联网技术与多媒体技术等多方面技术手段，是科技时代下的产物。它的优势在于能够自动感知工作环境空间、检测产品自身状态，自动控制或接受用户的控制指令（包括远程指令）。智能吸油烟机是智能家电的一部分，与其他室内家电、家居及设施组成联合系统，达到智能家居的作用。老板、方太、西门子、美的、海尔、华帝等公司都推出了具有自我风格的智能吸油烟机，不同程度地实现了吸油烟机的智能化，如自动巡航增压、厨房空气管家、风随声动、烟灶联动、智能自清洁、智能数控等功能。

三、吸油烟机一体化装置设计

一体化装置包括检测室内部的油烟发生装置、室内采样装置，检测室外部的气态污染物检测装置、烟气颗粒物检测装置，烟气排放外接的变压装置及烟气净化装置。

（一）检测室内部的装置

检测室内部参考《吸油烟机》（GB/T 17713—2011）中气味降低度的试验装置，设置了油烟发生装置和室内采样装置。检测室内部的墙体不能吸收丁酮、油烟等物质。

1. 油烟发生装置

油烟发生装置包括滴液装置和控温装置。支撑灶台上设有试验锅，所述滴液装置用于定时、定量向试验锅中滴入试验液体；所述支撑灶台上设有用于加热试验锅的电炉，热电偶来检测锅底温度，并通过温控系统的自动监制，使试验过程中的锅底温度始终保持在试验所要求的温度。

2. 室内采样装置

垂直于地面每隔 500 mm 等间距布置四个采样点 a、b、c、d 进行采样，后汇成一根总管，通过三通分别与检测室外部的气态污染物检测装置和烟气颗粒物检测装置连接。

（二）检测室外部的装置

1. 气态污染物检测装置

气态污染物检测装置为 7000D 三重四极杆气质联用系统，该系统采用动态 MRM（dMRM）模式进行采集，采集方法的创建和编辑比较简单，提高了检测室的分析能力，作为气态颗粒物降低度试验的检测装置，可以对室内烹饪油烟进行定性及定量分析，得出使用吸油烟机前后检测室内气态污染物的种类及浓度；同时选用该装置的 Agilent 7890B 气相色谱仪进行气味降低度试验，通过检测使用吸油烟机前后室内丁酮的浓度，计算得出气味降低度。

2. 烟气颗粒物检测装置

烟气颗粒物检测装置为 METONE BAM-1020 颗粒物在线监测仪，对使用吸油烟机前后室内烹饪烟气中的颗粒物浓度进行在线测试，输出整个测试过程的烟尘浓度曲线，操作方便，数据具有说服力，工作效率大大提高。

（三）烟气排放外接装置

依次在吸油烟机外排管道后设置变压装置和烟气净化装置。变压装置起到模拟实际烟道中压力变化的作用，在烟气净化装置前后的连接管上分别设置一个采样口，可检测经烟气净化装置净化前后的大气污染物浓度变化，验证净化效果。

1. 变压装置

在吸油烟机排烟口后对变压装置进行设置，采用斜流风机，电机为直流无刷电机，通过变频器变速控制斜流风机，可在 0 ~ 1000 Pa 范围内无级调速，变频器型号为施耐德 ATV312H037N4，集成 C1 等级 EMC 滤波器，具有较强的抗干扰能力；便于调整吸油烟机排烟口出气压，并对实际烟道进行模拟，从而进一步掌控排烟口压力对吸油烟机排出烟气的影响。

2. 烟气净化装置

烟气净化装置可设计采用活性炭对烹饪烟气进行吸附处理，活性炭吸附饱和后可进行定期更换，更换下来的活性炭可进行热再生或微波再生处理，循环使用，降低成本。而选择活性炭作为吸附材料的原因是活性炭的物理结构和活性炭表面的化学结构：①活性炭的比表面积很大，且微孔比表面积占比表面积的 95% 以上，这在很大程度上决定了活性炭的吸附容量；②活性炭表面有很多酸性、碱性或中

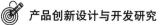

性基团，酸性表面官能团有羟基、羧基、醚、苯酚等，可促进活性炭对碱性物质的吸附，而碱性表面官能团主要有吡喃酮及其衍生物，可促进活性炭对酸性物质的吸附。

四、吸油烟机硬件功能模块设计

（一）煤气检测电路

在不同浓度的气体下，烟雾传感器的电阻值存在差异，所以使用元器件时需要对其灵活度进行调整，煤气烟雾检测过程中要让与门和烟雾传感器相连，之后中断处理。在厨房中，煤气含量比设定值偏低时电阻值较大，在空气中煤气变化较大的情况下烟雾传感器电阻降低，吸油烟机启动并报警。

（二）烟雾检测电路

烟雾检测和煤气检测都利用单片机连接与门电位器进行灵敏度调节，并且比较电压值，无烟雾情况下管脚电压值存在差异，使得电压比较器输出处于高电平状态；有烟雾进入窗口情况下由于管脚电压差异，电压比较器处于低电平状态，使得风机启动并发出警报。

（三）温度检测电路设计

把温度传感器搜集的温度编码传输到端口之后，通过单片机程序对数据加以处理，温度传感器运行电压为 $3 \sim 5$ V，设置吸油烟机最低启动温度 45 ℃，如果超过该温度，吸油烟机自动启动运行 120 s，之后进行检测，超过 45 ℃继续运行；如果低于 45 ℃，吸油烟机自动关闭。

五、吸油烟机风道关键部件降噪设计

（一）箱体空间优化

顶吸式吸油烟机的两大组成部分包括箱体与集烟罩。箱体内部安装离心风机。箱体尺寸较为关键，水平截面积对风机进风阻力大小有着直接影响，箱体高度则影响离心风机进气口气流状态的均匀性。

（二）蜗壳型线优化

蜗壳的作用是将离开叶轮的气流集流、疏导、扩压后导向出口，流向出口的气流在蜗舌处分离，大部分流出蜗壳，少部分继续在蜗壳流道中循环，所以可以通过优化蜗舌与出口扩压角来疏导叶轮内的非定常流场，达到提升风机全压、降低噪声的目的。

（三）叶轮偏心设计

鉴于多翼离心风机结构及应用条件的特殊性，其设计、应用不能完全照搬工业风机的设计方法和经验参数。研究表明，偏心叶轮可以有效减小叶轮部分叶道内的旋涡，改善由于多翼离心风机强前弯叶片所导致的流道内的流动阻塞，使叶轮的部分通道内的进气状态得到改善，减少叶道内的流动分离，从而使风机效率得到有效提高，并使风机噪声得到有效降低。

（四）出风口座优化

在箱体顶板上安装离心风机，一般蜗壳出口的扩压段很短或基本没有扩压段，气流动压不能靠扩压段转化为静压，出口损失较大。倘若加高蜗壳扩压段，则需加高箱体带来成本上升问题，或使风机位置下移带来噪声提高问题。

第三节　轿车侧面造型设计

一、轿车外观造型的分类

针对轿车外观各部分造型的特点，将轿车外观造型分为前脸、侧面、尾部三个部分。

（一）轿车的前脸部分

轿车的前脸部分主要包括引擎盖面、大灯、水箱罩、进气格栅和雾灯等，但每个人对车都有自己的主观印象，影响用户对前脸评价的主观因素有前挡风玻璃、前保险杠等。

（二）轿车的侧面部分

轿车的侧面部分主要包括侧窗面、侧身裙面和车身肩线等主要部分的结构线面，还有较容易引起用户注意的轮毂面、车身整体轮廓线、车腰线、车门形状和车把手等。

（三）轿车的尾面部分

轿车的尾面部分与前脸部分具有前后呼应的特点，主要包括尾部大灯、后备箱门，还包括雨刷器和后部排气孔等。

二、轿车造型风格的多样性

（一）轿车造型风格的演变过程

轿车造型风格的演变与轿车所处的时代以及该时代下人们的审美情趣、生产方式、加工技术水平有很大的关系。由于轿车的造型风格与人们的审美以及时代流行元素密切相关，在轿车造型风格的演化过程中，轿车的风格也随着人们审美方式的改变而改变。自从 1886 年德国工程师卡尔·弗里德里希·本茨（Karl Friedrich Benz）发明第一辆汽车以来，轿车的造型风格也先后经历了几次巨大的演变，即马车型车身、箱型车身、流线型车身、船型车身、鱼型车身、楔形车身六个发展阶段。而这些演变无一不与当时技术水平的发展、加工工艺的改进、人们的喜好改变有着紧密的联系。例如，随着空气动力学的不断发展和轿车动力的快速提高，轿车的造型风格需要满足人们对速度与激情的追求，所以出现了众多流线型车身和充满速度感的车辆造型。

（二）轿车造型风格的品牌内涵

因为不同地区的人们的审美情趣与鉴赏能力千差万别，民族的文化习俗和生活习惯有各具特色，所以轿车的造型风格也有很大的差别，轿车品牌产品随着时代的发展也展现出不同的面貌特征。从近些年来市场上出现的轿车造型产品以及轿车设计概念来看，一方面，轿车生产商正有意将自己的轿车设计产品造型特征与其他同类产品区别开来，从而提高产品的辨识度；另一方面，企业也力求在产品中能够突出自己的企业文化，在此企业文化的熏陶下形成的企业品牌特征风格，也得到了企业的重点强化和传承。所以，从轿车文化的角度看，不同地区的轿车给人的造型感觉不尽相同。

欧洲车系的造型风格具有多元化的特点。这是因为在轿车发展的漫长过程中，欧洲车系将自己的民族文化深深融入自己的轿车造型设计。即使它们都是欧洲轿车，人们仍然能够感知到每一款车型造型背后所承载的独具特色的民族文化。从人们的普遍认知来看，有以高档气派的奔驰、宝马、奥迪三大豪车为代表的德国车系；有充满激情与浪漫情感的法、意车系；有以劳斯莱斯、宾利、罗孚为代表的充满绅士气息的英国车系；有将环保与安全放在首位的北欧车系，如沃尔沃、萨博等。德国车系外形充满个性，却又十分中肯，造型内敛而又精练，极致的比例与细节表现展现出德国人冷静、注重内在、严谨的民族精神。作为充满浓厚艺术气息，全世界轿车造型设计师集中地的意大利，其车辆往往表现出性感浪漫、无拘无束的鲜明特点。注重民族内涵，充满绅士味道的英国车系恰恰体现了英国作为绅士国度所应体现的稳重大气的文化底蕴。

北美车系的造型风格具有激进豪放的特点。美国轿车的造型风格主要以通用、福特和克莱斯勒三大轿车品牌公司为代表。体大如船、笔直的特征线条、方正的车头、大方的车灯等造型特征处处体现出从容不迫、激进豪放的性格特征。历史上美国车辆造型上经常出现的装饰繁多、尺寸宽大、不拘小节、狂野豪放的特征与美国人民勇于创新、敢于冒险、崇尚自由的民族精神不无关系。

亚洲地区日韩车系的造型风格具有实用紧凑的特点。传统意义上的日韩车系以其极高的性价比在国际市场上充满竞争力。日韩车系为了充分利用车内空间，整车内外饰紧凑有致，在结构上也是尽力使之更具实用性。形成这种风格的原因与日韩两国轿车起步较晚、地域狭小、人民追求精致性与实用性、注重节俭以及精益求精的生活态度有关，时至今日，日韩车系仍然是很多消费者选择的家庭用车。

轿车造型风格与自主品牌内涵和本土文化有着密不可分、最直接的关系。不同的文化背景与民族性格往往影响着轿车造型设计，这种影响是一种普遍规律，发掘这种规律往往能够设计出符合本国人民的审美习惯与使用需求的充满民族特色的轿车造型。随着我国经济的不断发展、轿车市场的不断壮大，加强自主创新设计，在设计风格上形成民族特有的品牌形象和造型风格文化已经成为我国轿车自主品牌最迫切的要求。依赖模仿和抄袭优秀的轿车造型设计来占领市场，没有内涵文化与性格特征的轿车企业注定无法长久。本土自主品牌可以从中华优秀传统文化中汲取灵感，从中国人民的生活习惯出发，打造具有中国特色的轿车造型风格和轿车文化。

（三）轿车造型风格的市场细分

不同产品的目标消费人群不同，轿车的造型风格也是千差万别。企业通过市场调研，了解不同消费者的心理需求、审美倾向、购买行为和使用习惯，把产品市场划分为针对不同产品使用者的市场，如奥迪 A1 造型潮流，充满个性，适合充满活力的年轻人；奥迪 A2 作为经济型车型，突出实用性和经济性；奥迪 A3

造型大气端庄，目标定位为中年精英；奥迪 A4 造型内敛而又充满动感，消费人群主要是朝气蓬勃的年轻领导者；等等。

为了迎合消费市场的多种需求，往往需要将统一车型根据不同的消费人群做出不同的造型风格处理。最常见的做法有使用同一平台的不同造型风格的车型开发，同一车型又根据不同消费者的造型风格需求倾向提供更为明确的产品。更为精细、更为明确地把握消费者的轿车造型风格倾向已经成为轿车企业最重要的工作之一。

三、轿车设计要素分析

（一）安全性要素

安全性要素对于产品来说是指消费者在使用过程中产品不容易出现故障，即使出现故障，消费者也能够依靠自身迅速对险情进行处理。安全性要素对于消费者来说就是消费者在驾驶轿车时不幸发生车祸的情况下，车身能够最大限度地降低车内人员受伤害的程度。安全性要素是轿车设计的基础，对于安全性要素的考量应当贯穿产品开发设计的每一个流程，大部分车主都将车辆的安全性放在第一位。

安全性因素包括两个方面：一是生理方面，保障用户肌体不受伤害或能够有效地将伤害降到最低；二是心理方面，保证产品能够给予消费者安定感与信任感。轿车通过采用配备高强度的底盘、主动安全气囊、车内外传感器、防爆轮胎、防爆油箱等措施来保障车内乘客的安全。以劳斯莱斯幻影为例，幻影不仅在前排配备了驾驶座和副驾驶座的安全气囊，也在后排和侧面配备了安全气囊来充分保障在车辆发生碰撞后车内乘客的安全。除此之外，幻影还配备了胎压监测系统，实时监测轮胎的状况；配备了制动力分配系统、刹车辅助系统、牵引力控制系统、车身稳定控制系统、车道偏离预警系统、车道保持辅助系统和道路交通标识识别系统来保证行车安全。除了劳斯莱斯幻影具备的这些功能以外，奔驰在此基础之上还增加了被动安全功能，新款的梅赛德斯 - 迈巴赫 S680（以下简称"S680"）当车身侧面遭受到碰撞后的 0.5s 内通过改变车辆悬挂的距离来降低车身高度，用比较坚硬的部分来迎接碰撞。

以上所提到的都是生理方面保障驾驶员和车内乘客身体不受伤害的措施，在心理层面，大部分轿车在造型设计上采用粗壮的 A 柱、结实宽大的前后保险杠、厚重的门板、宽大的车胎，色彩上采用黑色等稳重的色彩和防擦条等，为消费者带来安全稳重的视觉感受。

（二）功能性要素

功能性是除了安全性要素以外最基本的要素，这也是轿车体现其实用价值的重要因素。轿车的功能是为了满足某些特定的需求而服务的。轿车在满足用户功能需求的基础上还要为用户带来情感上的满足。

以 S680 为例，S680 配备了主动式车道变更辅助系统，驾驶员行驶在高速公路上或路况复杂的城市道路上时，当车辆检测到驾驶员将要进行变道或超车行为时，系统会通过车身上的传感器的反馈得出变道的可能性，并将结果通过仪表盘或 HUD 进行显示，帮助驾驶者实现更为舒适的超车变道。城市路况下，驾驶者难免会遭遇早高峰堵车的情况，S680 的智能领航限距功能能够根据路况自动调节与前车的距离，避免驾驶者频繁踩踏油门或刹车踏板所造成的疲劳感和精神高度集中所造成的压力感。驾驶者在驾驶过程中由于分神导致车辆意外驶过虚线或实线时，S680 配备的主动式车道保持辅助系统会通过方向盘震动反馈向驾驶者发出警告。如果对面车道来车，辅助系统会接管驾驶自动修正车道。

在乘坐的情感化体验上，S680 配备的分区的空调能够让不同的乘客根据自身的需要进行温度的调整。奔驰首创的车内氛围灯提升了乘客乘坐的沉浸式体验，后排座椅的座椅按摩和腿托的设计让乘客的乘坐体验更为舒适。除此之外，S680 还将车内气候控制、照明效果、音量与音效的调节以及座椅按摩、通风及加热等乘坐舒适性的配置进行整合，形成车载舒适系统，都是为了让乘客有积极的正向的功能情感体验。

（三）易用性要素

面对日趋激烈的市场竞争，谁能够为用户提供更具人性化、操作更便捷的产品就更容易得到用户的青睐。由于产品种类的不同，所提供的功用是不一样的，不同用户的心理、生理的学习感知能力有所区别，同时周围环境处于不断变化中，因此，影响用户对产品易用性的感知的因素是多方面的。易用性的程度是相对的概念，两个互为竞品的产品对于解决同一问题有着各自的解决逻辑，谁的逻辑能够更加简单高效地解决问题，就可以说该产品的易用性高于另一款产品。

轿车为了让车内乘客感受到极致的舒适体验，增加了大量的舒适性配置，但乘客面对这些新颖的舒适性功能往往手足无措，尤其是轿车的目标用户多为年龄较大的人群，生理的各项指标都有所退化，这时烦琐的操作按钮和交互界面就显得极不友好。为了避免这类情况的出现，轿车的制造商采用了两种解决思路：第一种是以劳斯莱斯为代表的车载人工智能系统。在 103 EX 概念车上，劳斯莱斯通过"Voice of Eleanor"人工智能系统和车内乘客进行智能交互，车内乘客可以通过语音唤醒该系统来操作车内的各项设施。第二种是以宝马为代表的手势控制。在新宝马 7 系中，后排乘客可以通过手势控制来操控空调温度和风量、音响音量大小和音乐的播放、车内氛围灯等主要的舒适性功能。这两种解决思路各有优劣，语音控制能够进行复杂的操作，但对一些简单的操作来说效率较低；手势控制可以通过手势完成简单的操作，但不能进行复杂的操作或指令，比较理想的情况就是将两者进行结合。

四、轿车侧面造型设计案例——以吉利 GE 系列电动 SUV 为例

在此以吉利集团（造型中心）旗下 GE 平台的系列化电动 SUV 造型设计项目为例，由于整体开发周期长、成本高、流程复杂等，该案例内容主要针对造型设计的前两个阶段即初始阶段与细化阶段，结合 SUV 侧面特征意象关联性结论来辅助前期方案设计与细化，规范造型评审流程，进一步输出的二维效果图方案进行专家与大众混合量化评审，统计结果确定各方案在设计定位符合度、造型协调性等方面的差异性。

（一）需求分析与意象定位

吉利新车型设计开发项目的外饰设计告知书内容包括项目名称、项目平台、用户定位、设计需求、竞标车型与造型设计参考意象板。该陈述内容往往是由品牌部门的相关人员在短时间内编写的。作为项目启动的标准文件，明确了新项目研发的大致要求，但其在设计层面上的参考价值有限，需要设计师在后续执行过程中不断挖掘背后的有用信息，并转化成视觉化的造型。

在了解设计项目之后，首先需要对设计需求进行进一步解读与分析，以明确外饰造型设计方向。该项目是基于 GE 电动车平台的外饰设计，那么传达的明显要点是新造型能够区别于传统车型的当下新能源车型的一些特征。其次，根据项目名称判断，新车型被限制在紧凑型 SUV 的尺寸范围内，这就需要根据固定的布局进行造型设计以保证新车型的可靠性。此外，还要对启发造型设计方向的背景包括用户形态、竞标车型等内容进行总结归类分析，在此基础上提炼出意象关键词作为设计定位。

1. 用户形态及需求分析

目标用户年龄段在 30 ~ 45 岁，具有稳定收入的城市人群。他们是崇尚健康生活的人群，轿车不单纯是通勤工具，也是一种丰富生活内容的伴侣。生活习惯与经历的差异使他们形成了不同的生活品位需求，他们当中有追求充满活力、与众不同的独特品位的人，也有追求沉稳大气的高级品位的人。因此，可以将用户进一步细分为两大类来提取各自的需求，其中个性型人群追求前卫时尚，因此动感且具冲击力的造型更适合他们；而追求沉稳大气的稳重型人群更倾向于高档且具品质感的造型。

2. 竞标车型分析

给出参考的车型作为业界各品牌迭代进化的新产品，具有强烈视觉感的外饰造型，同时又各具风格特色，包括流畅优雅的奔驰 GLA、高档大气的标致4008、富有内涵动感的传祺 GS5 和硬朗商务风格的大众途岳。需要指出的是，参考车型不会局限于此，更多的主流紧凑型 SUV 同样拥有高辨识度的造型，也是值得设计师借鉴参考的。

3. 意象板分析

意象板是由多张能向设计师提供造型风格的导向参考意象图组成的。对于给出的意象板，强调了具有速度的流线感及饱满的力量感、简约时尚的科技感、内涵韵律的协调感。由于其中内容是缺乏合理的逻辑性且存在直观性不强的图，加大了参考的难度，因此对意象板的合理归纳是有必要的。

为了迎合前期概念设计的发散思维，对两个方向分别进行意象补充与说明，总结出各自的感性关键词与对应的造型参考图，这里的参考图区别于之前的意向图，尽量以具体形态为主，目的是提供方案设计的灵感启示。

在绘制参考图之前，首先对造型意象倾向性进行解读与把握，以便更高效地开展后期设计。根据以上两个方向的分析，冲击感方向的造型在体现不平稳感的同时，也显示出动感流畅甚至圆润的形体，在整体视觉上也更偏向于紧凑。而平稳感方向更多地偏向于横平竖直的机械硬朗感，整体造型疏密明显而偏向于宽松。

（二）总布置设计定位

因为车型定位为紧凑型的电动 SUV，所以在工程布置上与传统 SUV 有所差别。该车型内部虽为五座空间，但 A 柱的前移使得其空间较传统 SUV 更充裕。

其前后悬比传统 SUV 短，因为电池结构代替了部分机械模块，使得整体车身更为紧凑，侧面两种不同颜色的轮廓表示长度尺寸极限值。

（三）特征匹配与方案设计

首先由于设计原型在尺寸上的约束作用，在绘制过程中保持轴距与前后悬长度不变，其次方便对关键特征进行设计的同时保持部分特征如前保等轮廓形态一致性。参考能够体现平稳意象的侧面特征元素进行合理选取绘制，再增添其余特征元素保证完整性。以吉利外饰设计部实习生为参与人员进行了方案的绘制，设计过程中通过有经验的设计人员对方案进行特征比例上的指导，尽量保证侧面各特征在形态风格上的统一，使得整车意象风格得到显著化体现。最终在两个意象方向上一共得到效果较完整的 12 个侧面造型方案，并标注每个方案以便后期有序细化渲染。

为方便评审效果，对筛选出的 12 个方案进行二维渲染细化。这一阶段的目的是确保各方案型面表达清晰明了的逼真效果图形式呈现，并统一固定光源、色彩等整体渲染要素。使用 Photoshop Cs6 工具依次进行线稿整理、材质划分、基础光影成型、细节描绘四个步骤，同时对每个方案进行统一的背景与地面阴影处理。各方案的前后悬、轮距、轮径及座舱 C 柱被统一在紧凑型 SUV 尺寸范围内，有利于控制变量，引导评审人员专注于具有差异性的关键特征上。

第四节　重型卡车车身设计

一、重型卡车概述

（一）重型卡车的分类

1. 牵引车

牵引车包括全挂牵引车和半挂牵引车两种。全挂牵引车是用挂钩连接方式连接车头与后部全挂车厢，二者是一体的。半挂牵引车则是由车头后部的牵引座与挂车相连接，挂车部分没有动力，行驶全靠车头牵引。二者的明显区别在于，半挂牵引车的车头与挂车可以分离，挂车在不连接车头的情况下无法行驶。

2. 自卸车

自卸车又叫作"翻斗车"，是因为车的货箱部分可以借助液压升举来倾卸货物。自卸车的液压升举有两个方向：向后倾翻和侧向倾翻。由于车辆货箱部分可升举，方便货物卸载，能够减少卸货所需的劳动力，降低了成本，提升了工作效率，所以经常被用于工程运输。

3. 专用车

专用车包括专业作业车和专业运输车两种。专业作业车是为特殊工作而专门设计的车辆，如生活中常见的消防车、环卫车、洒水车等；专业运输车是为运输特殊物品而专门设计的车辆，如水泥罐车、化工品运输车等。

（二）重型卡车的发展趋势

1. 技术发展趋势

（1）安全智能化

智能化方面，电控、传感等技术在重型卡车设计中的应用，使重型卡车的运行情况通过电子感应器实时显示；安全性能方面，导航定位系统、制动防抱死系统、车身电子稳定系统等辅助安全系统，提高了车辆的主动安全性和被动安全性。

（2）节能环保化

近些年，国家在车辆能源、尾气排放等方面的要求不断提高，出台了关于车辆排放标准的政策法规，这些政策法规也推动了企业对车辆环保技术的升级。

（3）整车轻量化

轻量化是现在重型卡车的发展方向。车企采用高强度合金车架、真空胎、铝合金轮圈、变速器等新材料、新技术，实现车身轻量化，提升了运营效率和行车安全性，有效降低了用户的用车成本。

2. 品牌发展趋势

国内重型卡车起步晚、发展周期短，在重型卡车品牌文化方面的发展与国外的重型卡车品牌有一定的差距。重型卡车企业不仅需要加大技术创新的投入，同时需要构建自己品牌的识别特征，最为直接的就是具有明显的品牌设计风格，得到消费者认可的同时也加强了对品牌的宣传。在目前重型卡车市场激烈竞争的环境下，重型卡车企业需要十分熟悉消费市场以及消费者审美变化，并且能迅速更新自己的产品，设计出适应市场、满足消费者的产品，在新品设计风格上坚持企业品牌识别特征，才能在未来的品牌竞争中占领主导位置。近年来，国家政策措施和物流运输的发展，促使半挂牵引重型卡车的市场需求不断增加，成为市场上最受欢迎的载货车。

二、重型卡车的设计特征

（一）形态特征

在重型卡车设计中，其车身形态特征众多，在这里把整车分为上、中、下三大部分。上部主要包括导流板、示廓灯、遮阳板等；中部主要包括上进气格栅、后视镜、品牌标志等；下部主要包括保险杠、下进气格栅、大灯组、雾灯等。

（二）功能特征

重型卡车的功能特征主要包括牵引车车头和挂车两个部分，牵引车车头是提供动力的部分，挂车是用于承运货物的部分，二者之间通过牵引车车头后部的牵引鞍座与挂车前部牵引销进行连接。

重型卡车牵引车车头主要包括前挡风、进气格栅、车灯和导流板等。前挡风的主要功能是减少横风对驾驶员的危害、防止飞尘雨水进入驾驶室和为驾驶员提供良好的驾驶视野等；进气格栅的主要功能是发动机通风散热、防止外来物对内部件的损害及装饰等；车灯的主要功能是特殊环境行车照明示廓和转向提示等；导流板的主要功能是行车过程中减少空气阻力，从而减少能耗。

重型卡车后部挂车的主要功能是承载货物，挂车的形式有仓栅式、厢式、平板式等，其共同特点是没有动力，无法独立承运货物，不同的是不同挂车形式可以承运不同种类的货物。

上述特征都是由点、线、面等几何特征构成的，点是空间中的一个位置，线是空间中点移动形成的，面则是空间中线移动后扫过的地方。下面来具体分析重型卡车特征中的点、线、面特征。

1. 特征点

重型卡车设计中的特征点主要是重型卡车前脸的前大灯、雾灯、示廓灯、转向灯等。这些元素的面积与整个重型卡车相比来说很小，所以视作点元素，最为重要的就是大灯组的点，起到画龙点睛的作用，是体现重型卡车神态的重要特征。

2. 特征线

重型卡车设计中，线能反映出不同时代同一车型的形态，也能反映出同一时代不同车型的形态。线的组合形式也反映了品牌识别特征，其主要体现在形体的分界和面的转折之处。重型卡车中的特征线主要有外轮廓线、前挡风轮廓线、进气格栅轮廓线等。

3. 特征面

特征面在重型卡车设计中大量存在，任何一款工业产品都是由形面组成的立体。重型卡车的特征面主要是由围合的特征线所构成的形状，围合的线可以构成面，形成一个形状特征，重型卡车的进气格栅、保险杠部位造型、前挡风形状等都属于特征面。

三、重型卡车车身设计案例——以一汽解放 J6H 重型卡车为例

（一）一汽解放 J6H 重型卡车的设计背景

中国第一汽车集团有限公司（以下简称"一汽"）是国内大型重型汽车生产企业之一，是实力非常雄厚的企业，但若是将其与国际重型汽车相比，不论是资产规模、销售收入，还是销售利润都存在一定差距。我国加入世界贸易组织（WTO）后，国际重型卡车生产企业的威胁随之而来。国内现有的对手中，陕汽集团、东风汽车有限公司载重车公司、中国重汽集团有限公司、北汽福田汽车股份有限公司等在"十五"期间得到快速发展。竞争对手的规模化、低成本优势，都将对一汽未来的发展提出极为严峻的挑战。一汽重型卡车开发始于 1994 年，1998 年准备完毕，终因各种内外环境因素没有打开市场。随着市场形势的变化和产业结构的调整、技术水平的提升，零部件业发展很快，总成资源日益丰富，使重型卡车的开发工作得以继续，奥威重卡就是多年技术积累的结晶。随着国内高速公路的发展和快速物流市场的兴起，人们对 15 吨以上的大马力真正重型卡车需求日益增长，缺乏产品线的一汽在重型卡车市场所占的份额不断下降。要想在重型卡车市场更为成熟、竞争更为激烈的新环境下占有一席之地，就必须具备自己的核心竞争力，也就是说开发出具有高品质和一汽特色的重型卡车产品。

（二）车身造型设计原则的确定

从第一代到第二代，具有 20 世纪 80 年代国际水平的第二代解放汽车 CA141 开始垂直换型生产，对散热器格栅进行了根本性的处理，使整个车身对比协调，还是基于功能性的考虑；第三代卡车开始根据国外汽车造型的发展趋势，进行了

平头化的改进，从长头车演变成了平头车；第四代解放重型卡车是从日本三菱引进的驾驶室技术，其风格具有日本产品一贯的轻巧实用特征；第五代解放奥威重卡是解放卡车 50 多年历史中第一款真正意义上的重型卡车产品。昔日解放中规中矩的直线棱角外形被圆润、弧面曲线感明显的现代流线造型所取代，给人以睿智、时尚的新感受，逐渐成就一汽风格：大 U 字形散热器格栅造型，展翅的雄鹰造型标志，线面转角处理更加流畅。

根据以上分析可以得出如下结果：解放卡车品牌认知度良好，雄鹰造型的标志鲜明易识，整体造型紧凑，结构功能完整。不足之处在于，整体感觉单薄，不够雄壮威猛，造型形面风格不够统一，缺乏个性；风格化的造型特征略有显现，但表现力弱，还需强化。

一汽解放 J6H 重型卡车不仅延续了解放卡车传统造型中的"U 字形、横条、大标志"等鲜明特色，更融合了欧美国家顶级重型卡车的设计风格，其整体形象粗犷雄壮，高大威猛，给人以强烈的品质感和力量感。采用宽体式全浮设计，外部造型具有欧洲风格，粗犷、威猛、线条流畅、简洁。科学的气动布局与美学设计完美结合，确保达到高速、节油、低风阻标准，全面适用于长途物流高速运输，安全、可靠、舒适。采用全景曲面玻璃风窗、大型球面后视镜、多角度视镜，彻底消除盲区。造型美观，视野开阔，充分满足法规要求。白车身采用高强度钢板，并且拥有国内唯一全金属高顶驾驶室。

参 考 文 献

［1］白仲航，王雯，张敏，等.基于可拓学与因果链分析的产品创新设计研究［J］.机械设计，2020，37（11）：139-144.

［2］包泓，刘腾蛟.产品设计思维与方法研究［M］.北京：北京工业大学出版社，2019.

［3］包银全."传统"与"现代"的碰撞：文化创意产品设计中的创新性研究［M］.天津：天津大学出版社，2020.

［4］陈剑雄.用户体验视角下的产品创新设计方法［J］.工业设计，2021（7）：73-74.

［5］邓卫斌，王彤彤，叶航.基于参数化思维的产品创新设计方法［J］.包装工程，2022，43（8）：76-84.

［6］谷燕.工匠精神在产品设计中的传承创新研究［M］.长春：吉林人民出版社，2018.

［7］李蔓丽.产品文化及设计多维度研究［M］.长春：吉林人民出版社，2020.

［8］凌雁.产品创新设计思维与表达［M］.长春：吉林美术出版社，2018.

［9］刘静，张厉，李婧.产品设计与规划研究［M］.长春：吉林人民出版社，2016.

［10］刘闻名，包潇潇.区域民族文化视角下的产品创新设计［J］.包装工程，2020，41（18）：172-177.

［11］马宏宇.产品美学价值的设计创新路径研究［M］.武汉：武汉大学出版社，2020.

［12］缪莹莹，孙辛欣.产品创新设计思维与方法［M］.北京：国防工业出版社，2017.

［13］苏珂.产品创新设计方法［M］.北京：中国轻工业出版社，2014.

［14］孙思雨.智能技术支持下的老年产品创新设计研究［J］.科技与创新，2021（16）：69-70.

［15］汪哂秋.基于进化理论的时尚产品设计心理实证研究［M］.合肥：合肥工业大学出版社，2019.

［16］王朝侠，郑巧婷."互联网+"模式下顾客需求与产品创新设计研究［J］.科技创业月刊，2020，33（8）：42-44.

［17］王远昌.人工智能时代：电子产品设计与制作研究［M］.成都：电子科技大学出版社，2019.

［18］辛勤颖.和而不同：中国传统文化与工业产品设计融合性研究［M］.成都：电子科技大学出版社，2019.

［19］徐小欢.基于能力培养的产品开发设计课程构建［J］.艺术与设计（理论），2021，2（4）：144-146.

［20］徐悬.基于并行工程的产品设计研究［M］.北京：北京理工大学出版社，2020.

［21］张春彬.体验经济背景下文化创意产品设计的研究与实践［M］.沈阳：辽宁大学出版社，2019.

［22］张婷，王谦，孙惠.品质与创新理念下的产品设计研究［M］.北京：中国书籍出版社，2019.

［23］赵安琪，李晓英，李晓雪.模糊概念下的产品创新设计与实践［J］.大众文艺，2020（21）：60-61.

［24］周卿.适老化产品与服务创新设计研究［M］.北京：北京工业大学出版社，2018.